Priyam Patel
Pritam Kumar Panda
Sneha Patil

AFPep como mediador curativo do cancro da mama: Uma abordagem in silico

Priyam Patel
Pritam Kumar Panda
Sneha Patil

AFPep como mediador curativo do cancro da mama: Uma abordagem in silico

ScienciaScripts

Imprint

Cover image: www.ingimage.com

This book is a translation from the original published under ISBN 978-3-659-88882-3.

Publisher:
Sciencia Scripts
is a trademark of
Dodo Books Indian Ocean Ltd. and OmniScriptum S.R.L publishing group

120 High Road, East Finchley, London, N2 9ED, United Kingdom
Str. Armeneasca 28/1, office 1, Chisinau MD-2012, Republic of Moldova, Europe
Managing Directors: Ieva Konstantinova, Victoria Ursu
info@omniscriptum.com

Printed at: see last page
ISBN: 978-620-8-59280-6

ÍNDICE DE CONTEÚDOS

Reconhecimento

"Pode-se pagar o empréstimo de ouro, mas morre-se para sempre em dívida para com aqueles que são bondosos".

A minha sincera gratidão à Sra. Sneha Patil por me ter aceite como estagiário, por me ter permitido utilizar as instalações do seu instituto e por me ter dado uma orientação e um apoio inestimáveis.

Estou extremamente grato e em dívida para com o Dr. Hetalkumar Panchal pelas suas palavras de encorajamento, visão e previsão, que me inspiraram a conceber este projeto e a concluí-lo com convicção. A sua orientação especializada e as suas sugestões críticas proporcionaram-me a visão necessária do problema de investigação e abriram caminho para a conclusão significativa deste relatório num curto espaço de tempo. Dr. Hetalkumar Panchal, Licenciado, Pós-graduado, Doutorado em Bioquímica. (B.Sc., M.Sc., Ph.D.), Diploma de Pós-Bacharelato em Ciências e Aplicações Informáticas (P.G.D.C.A.), Diploma de Pós-Graduação em Bioinformática (P.G.D.B.I.), Diploma em Naturopatia e Ciências Yogues. (N.Y.S.), Bacharel em Direito Legislativo (L.L.B.). Atualmente trabalha como Professor Associado no Instituto de Biotecnologia Agrícola de Gujarat (GABI), Universidade Agrícola de Navsari (NAU), Surat-395 007, GUJARAT (ÍNDIA). Trabalhou como bioquímico (2 anos) na Makupa Chemists Ltd. Jomo Kenyatta Ave, Mombasa, Quénia, ÁFRICA ORIENTAL. Membro da Associação do Congresso Científico Indiano (ISCA). Membro vitalício da Computer Society of India.

Devo a minha gratidão à Dra. Debjani Dasgupta, Diretora da Escola de Biotecnologia e Bioinformática da Universidade D. Y. Patil, por me ter dado a oportunidade de realizar um projeto de dissertação no domínio do meu interesse.

Gostaria de agradecer aos meus pais, aos meus amigos e à minha família pela sua interminável ajuda em todas as fases da minha vida.

Resumo

A incidência do cancro da mama tem vindo a aumentar na era atual devido ao advento da urbanização, ao aumento da sofisticação da vida nas vicissitudes e à adoção de estilos de vida ocidentais. A alfa-fetoproteína, uma glicoproteína sérica produzida durante o desenvolvimento embrionário, tende a atuar como mediador curativo e tem propriedades anti-estrotróficas para inibir o crescimento de tumores dependentes de estrogénios no cancro da mama e metástases. Esta proteína oncofetal exibe atividade farmacológica durante a metástase do cancro em curso e as vias que conduzem à progressão e proliferação das células tumorais. Neste trabalho, a ação inibitória máxima do péptido derivado do segmento do sítio ativo (péptido de 8 mers) foi derivada do modelo estrutural gerado por modelação de homologia que mantém a atividade inibitória exibida pela AFPep P489-P496 derivada (EMTPVNPG). Foi efectuado um estudo de mutação comparável e modificações ao péptido derivado através da adição de hidroxiprolina na região do péptido derivado para maximizar a ação inibidora e foi realizado um estudo comparativo de dinâmica molecular em cada mutação para conhecer a estabilidade do octapeptídeo 489-496 para garantir a perspetiva curativa que se destina a inibir a progressão e a proliferação de proteínas oncofetais assistidas por estudos de acoplamento molecular para uma melhor eficácia de ligação para uma ação inibidora máxima e tratamento do cancro da mama.

1. INTRODUÇÃO

O cancro da mama é o cancro mais comum nas mulheres, segundo os dados do CDC e da OMS, tanto nos países desenvolvidos como nos países em desenvolvimento. A incidência do cancro da mama está a aumentar no mundo em desenvolvimento devido ao aumento da esperança de vida, ao aumento da urbanização e à adoção de estilos de vida ocidentais (http://www.who.int/cancer/detection/breastcancer/en/). Estima-se que, em todo o mundo, mais de 508 000 mulheres morreram em 2011 devido ao cancro da mama (Global Health Estimates, OMS 2013). Embora se pense que o cancro da mama é uma doença do mundo desenvolvido, quase 50% dos casos de cancro da mama e 58% das mortes ocorrem em países menos desenvolvidos (GLOBOCAN 2008). As taxas de sobrevivência ao cancro da mama variam muito em todo o mundo, oscilando entre 80% ou mais na América do Norte, Suécia e Japão, cerca de 60% nos países de rendimento médio e menos de 40% nos países de baixo rendimento (Coleman et al., 2008). As baixas taxas de sobrevivência nos países menos desenvolvidos podem ser explicadas principalmente pela falta de programas de deteção precoce, o que resulta numa elevada proporção de mulheres que apresentam a doença numa fase tardia, bem como pela falta de instalações de diagnóstico e tratamento adequadas.

A história familiar é altamente significativa num familiar de primeiro grau (ou seja, mãe, irmã, filha), especialmente se o cancro tiver sido diagnosticado antes da menopausa (Madigan et al., 1987). As mulheres que têm familiares de primeiro grau na pré-menopausa com cancro da mama têm um risco três a quatro vezes maior de desenvolver cancro da mama do que as mulheres que não têm. Ter vários familiares de segundo grau com cancro da mama pode aumentar ainda mais o risco de desenvolver cancro da mama, mas este risco não foi quantificado. (LECIA M., 2000)

A menarca precoce e a menopausa tardia também podem aumentar o risco de cancro da mama ao afetar a exposição às hormonas ao longo da vida. As mulheres que dão à luz o seu primeiro filho depois dos 30 anos ou que nunca engravidam também correm um risco acrescido. Aparentemente, o aumento das hormonas reprodutivas femininas acelera a divisão celular no tecido mamário, o que, por sua vez, aumenta o risco de mutações. A utilização de contraceptivos orais pode aumentar minimamente o risco de cancro da mama, mas as mulheres que utilizaram contraceptivos orais durante menos de 10 anos têm o mesmo risco que as mulheres que nunca os utilizaram (Lancet. 1996). Muitos estudos analisaram o risco da terapia de substituição de estrogénios (TRE). Embora possa haver um ligeiro aumento do risco com a TRE, este risco é normalmente compensado pelos benefícios (Speroff L. 1996). O estatuto socioeconómico elevado, a raça branca e a exposição a radiações ionizantes são outros factores de risco para o desenvolvimento de cancro da mama. (American Cancer Society, 1999)

O estrogénio é uma hormona que funciona como um mensageiro químico no corpo. É essencial para o desenvolvimento sexual normal e para o funcionamento dos órgãos femininos importantes para a gravidez, como os ovários e o útero. O estrogénio também ajuda a regular os ciclos menstruais da mulher e é essencial para a reprodução. É necessário para o desenvolvimento normal da mama. Também ajuda a manter o coração e os ossos saudáveis.

No entanto, o risco de uma mulher ter cancro da mama está associado à exposição ao estrogénio ao longo da vida. Compreender como o estrogénio funciona no corpo, saber como os químicos no ambiente podem afetar os níveis de estrogénio no corpo e como a dieta e os factores de estilo de vida afectam a exposição ao estrogénio ao longo da vida, pode ajudar as mulheres a tomar decisões mais informadas sobre o seu corpo e o seu ambiente. Pensa-se que a exposição ao estrogénio ao longo da vida aumenta o risco de cancro da mama nas mulheres. Compreender como o estrogénio funciona no corpo, saber que os químicos no ambiente podem imitar os efeitos do estrogénio e/ou perturbar o metabolismo normal do estrogénio no corpo, compreender como a terapia de substituição hormonal e as pílulas anticoncepcionais podem estar associadas à exposição ao estrogénio e como a dieta e as escolhas de estilo de vida afectam a exposição ao estrogénio ao longo da vida, ajudará as mulheres a tomar decisões mais informadas sobre o seu corpo e o seu ambiente. Após a menopausa, os ovários da mulher deixam de produzir estrogénio. Esta perda de estrogénio tem sido associada a um aumento do risco de doenças cardíacas e dos vasos sanguíneos, à osteoporose e a uma série de sintomas temporários de desconforto associados à menopausa. Na esperança de contrariar estes efeitos, foi utilizado um tratamento com estrogénio. Este tratamento foi capaz de aliviar os sintomas incómodos da menopausa e diminuir o risco de osteoporose. No entanto, verificou-se que aumentava o risco de cancro do útero (endométrio) e o seu efeito sobre as doenças do coração e dos vasos sanguíneos continua por resolver. Devido a este aumento do risco de cancro, a progesterona, que neutraliza o cancro do útero, foi adicionada ao tratamento em conjunto com o estrogénio. Atualmente, o tratamento hormonal pós-menopausa com estrogénio isolado só é utilizado em mulheres que foram submetidas a histerectomia e não têm útero. Ensaios clínicos recentes examinaram o tratamento pós-menopáusico com estrogénio e progesterona e concluíram que este conduz a um aumento do risco de cancro da mama e que é improvável que previna ou beneficie as doenças do coração e dos vasos sanguíneos. As principais organizações de saúde recomendaram a interrupção da sua utilização para a promoção da saúde e para a prevenção da maioria das doenças. prevenção de doenças.

(http://envirocancer.cornell.edu/factsheet/general/fs10.estrogen.cfm)

O estado dos receptores de estrogénio ajuda a orientar o tratamento do cancro da mama. Os cancros da mama que têm um grande número de receptores de estrogénio (tumores com receptores de estrogénio positivos (ER-positivos)) podem ser tratados com terapias hormonais como o tamoxifeno e os inibidores da aromatase. O estado dos receptores de estrogénio é também um fator de prognóstico. Os tumores ER-positivos tendem a estar associados a uma melhor sobrevivência do que os tumores com poucos ou nenhuns receptores de estrogénio (tumores ER-negativos)

(http://ww5.komen.org/BreastCancer/Table36Estrogenreceptorstatusandoverallsurvival)

O recetor da alfa-fetoproteína (afp) (recaf) é um antigénio oncofetal presente na maioria dos tipos de cancro. Após o nascimento, os níveis circulantes de afp caem drasticamente, praticamente desaparecendo do sangue de adultos normais. As células imaturas da maioria das estruturas fetais internalizam a afp, tendo sido sugerido que o objetivo dessa internalização - e uma das funções desta proteína - é transportar e fornecer ácidos gordos polinsaturados às células fetais. A absorção da afp cessa quando as células embrionárias e as estruturas tecidulares se aproximam de um elevado grau de diferenciação, mesmo que a concentração sanguínea de afp ainda seja elevada ou esteja a aumentar.

Estudos in vitro e in vivo mostraram que as células malignas recuperam a capacidade de captar a afp através de um recetor que estaria presente em células indiferenciadas de origem embrionária ou tumoral, mas que está ausente nas células adultas normais. A existência de um tal recetor para a afp (recaf) foi então demonstrada e caracterizada funcionalmente em várias linhas celulares. Uma vez que o recaf se encontra numa variedade de cancros e em células fetais (mas não nas suas homólogas maduras), o recetor enquadra-se na definição de um antigénio oncofetal de largo espetro com potencial para o diagnóstico, rastreio e acompanhamento do cancro. (R. Moro et al., 2012)

Há trinta anos, (Abelev et al., 1963) relataram a existência do primeiro antigénio oncofetal, a alfa-fetoproteína (AFP). Depois de atingir a maior concentração entre as proteínas circulantes durante a vida fetal, a AFP quase desaparece após o nascimento, atingindo uma concentração sérica normal no adulto de menos de 50 ng/ml[2]. No entanto, nalgumas doenças malignas, como os hepatocarcinomas e os teratocarcinomas, os níveis plasmáticos de AFP podem ser mil vezes superiores (Ruoslahti, E. e Seppala, 1979). Estas descobertas chamaram a atenção dos clínicos, que previram novos meios para diagnosticar e monitorizar os doentes com cancro, e dos investigadores básicos que começaram a recolher dados sobre a fisiologia da AFP durante a vida fetal.

A alfa-fetoproteína (AFP) é uma proteína que, em humanos, é codificada pelo gene AFP. É sintetizada pelos sacos vitelinos e pelo fígado. É uma proteína específica do embrião e é predominantemente observada na fase de desenvolvimento embrionário, quando a transferrina e a albumina estão em menor quantidade (Tomasi TB (1977). Durante o desenvolvimento e na fase de desenvolvimento embrionário, a função da AFP é mal compreendida. O aparecimento de proteínas AFP é significativamente mais elevado em adultos durante a fase de desenvolvimento e os estudos clínicos também demonstraram os resultados durante a regeneração do fígado, também conhecida como processo de restauração e crescimento maligno.

A alfa-fetoproteína (AFP) dos mamíferos é classificada como membro da superfamília de genes albuminóides, constituída pela albumina, AFP, proteína da vitamina D (Gc) e alfa-albumina (Mizejewski GJ, maio de 2001). A alfa-fetoproteína (AFP) é sintetizada pelo fígado fetal humano e pelo saco vitelino (GITLIN et al., 1967, 1970). Durante as 12 a 14 semanas intra-uterinas, a concentração de AFP é mais elevada.

A expressão da alfa-fetoproteína em adultos está frequentemente associada a hepatoma ou teratoma. No entanto, a persistência hereditária da alfa-fetoproteína também pode ser encontrada em indivíduos sem patologia óbvia. Pensa-se que a proteína seja a contraparte fetal da albumina sérica, e os genes da alfa-fetoproteína e da albumina estão presentes em tandem na mesma orientação transcricional no cromossoma 4 (Figuras 1 e 2). A alfa-fetoproteína encontra-se nas formas monomérica, dimérica e trimérica, e liga-se ao cobre, ao níquel, aos ácidos gordos e à bilirrubina. O nível de alfa-fetoproteína no líquido amniótico é utilizado para medir a perda renal de proteínas para despistar a espinha bífida e a anencefalia.

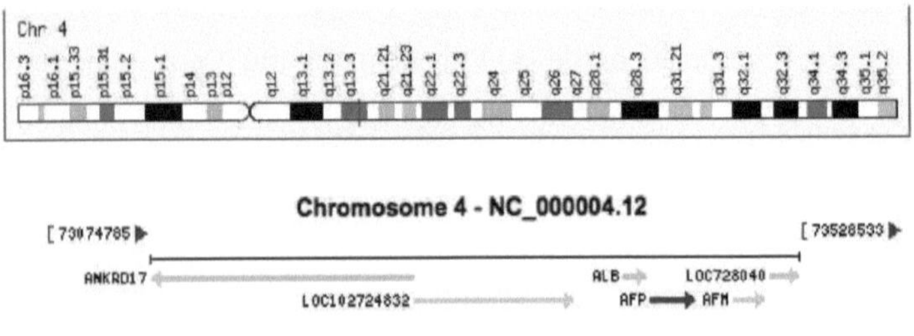

Figura 1 Localização da alfa-fetoproteína no cromossoma 4

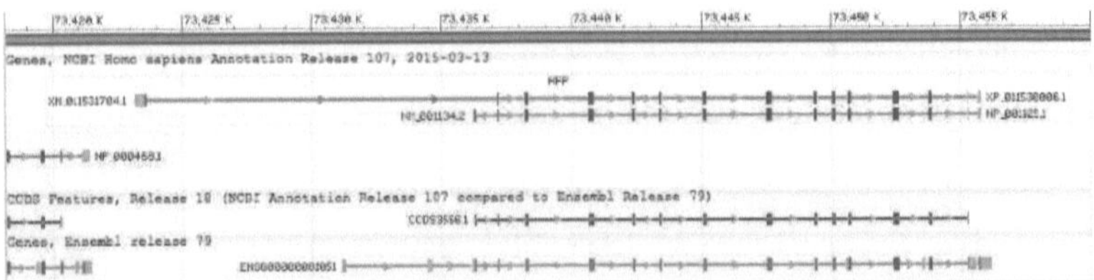

Figura 2 Anotação do genoma da alfa-fetoproteína

A função da AFP permanece enigmática. O gene da AFP não é expresso no adulto, exceto em determinadas condições patológicas, como hepatomas e tumores de células germinativas (SELL S et al., 1976), tirosinemia hereditária ou ataxia-telangiectasia, em que se observam aumentos dramáticos dos níveis séricos de AFP. A tirosinemia hereditária é uma doença metabólica congénita caracterizada por um metabolismo anormal da tirosina e da metionina, enquanto a ataxia-telangiectasia é uma doença autossómica recessiva caracterizada por um defeito na diferenciação dos tecidos dos órgãos associados ao intestino, como o astrócito e o fígado, e, a nível molecular, por uma reparação defeituosa do ADN. A razão pela qual doenças tão diferentes devem estar correlacionadas com a expressão do gene AFP continua por compreender (Harper ME, Dugaiczyk A, julho de 1983).

Os níveis plasmáticos diminuem rapidamente após o nascimento, mas começam a diminuir no período pré-natal a partir do final do primeiro trimestre. Os níveis normais no adulto são normalmente atingidos aos 8 a 12 meses de idade. A função da AFP em humanos adultos é desconhecida; no entanto, em roedores, liga-se ao estradiol para impedir o transporte desta hormona através da placenta para o feto. A principal função desta ligação é evitar a virilização de fetos do sexo feminino. Como a AFP humana não se liga ao estrogénio, a sua função nos seres humanos é menos clara (Carter CS, 2002).

Os valores normais em homens ou mulheres não grávidas são geralmente inferiores a 40 microgramas/litro (http://www.nlm.nih.gov/medlineplus/ency/article/003573.htm). O carcinoma hepatocelular representa a maioria dos cancros do fígado. Este tipo de cancro ocorre mais frequentemente em homens do que em mulheres. É geralmente observado em pessoas com 50 anos ou mais.

O carcinoma hepatocelular não é o mesmo que o cancro do fígado metastático, que começa noutro órgão (como a mama ou o cólon) e se espalha para o fígado (http://www.nlm.nih.gov/medlineplus/ency/article/000280.htm).

A alfa-fetoproteína (AFP) é também uma glicoproteína específica do feto, normalmente produzida principalmente pelo fígado fetal. Normalmente, os níveis de

AFP diminuem rapidamente após o nascimento, atingindo níveis indetectáveis (menos de 10 ng/ml) vários meses após o nascimento (Rose E et al., 1992).

É uma estrutura de três domínios baseada no seu padrão de ligação dissulfureto. Durante o parto, o nível sérico diminui para níveis negligenciáveis. O papel único da AFP durante o desenvolvimento fetal sugere um papel vital na regulação da expressão dos seus níveis no crescimento e diferenciação celular. A AFP também regula o crescimento das actividades secretoras de determinados tecidos como o útero, o fígado, os linfócitos, a placenta e os ovários.

A regulação do crescimento do cancro da mama pela AFP já foi descrita em estudos anteriores. A concentração sérica de AFP inibe o crescimento do cancro da mama em hepatonomas e o crescimento do cancro da mama em ratos, tal como sugerido em estudos anteriores. Este soro também inibe, de forma dependente da dose, a indução de receptores de progesterona estimulada por estrogénios em células tumorais pituitárias de ratos. (J A Bennett et al., 1998). O efeito do PF foi dependente da dose e atingiu o seu efeito máximo a 100p.g/rato/dia. O nível de AFP no sangue era muito inferior ao fisiológico fetal. Após a remoção cirúrgica do hepatoma, a gama normal de AFP, uma vez que os níveis normais de AlP no sangue fetal são de -1-3 mensais, a menstruação recomeça e o soro E volta ao normal mg/ml.

As descobertas actuais tratam da atividade antiestrotrófica do péptido AFP, que pode atuar como agente terapêutico no tratamento do cancro da mama dependente de estrogénios para prevenir os tecidos malignos do cancro da mama. As descobertas anteriores sugerem que a atividade antiestrotrófica da AFP se encontra na posição de aminoácidos em p447 na sequência 472-479 do péptido octamérico (EMTPVNPG). O péptido de 8 mers tem a capacidade de inibir o crescimento uterino estimulado pelo estradiol e mostra uma ação inibidora que se opõe à ação dos estrogénios, incluindo os efeitos promocionais do estradiol no desenvolvimento do cancro da mama humano.

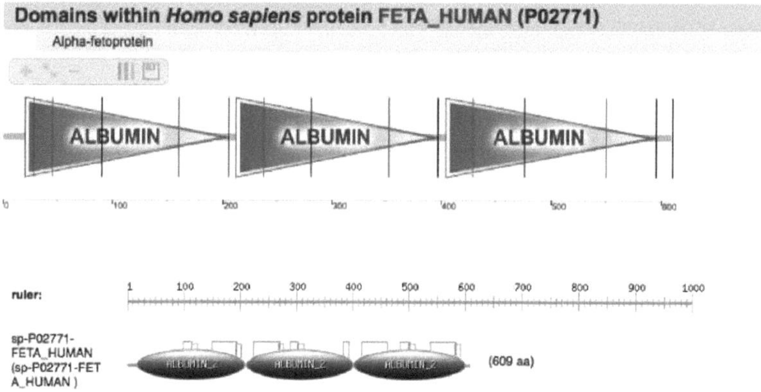

Figura 3.1 Domínios da Aifa-fetoproteína

19 - 210: **score =** 70.669

```
RTLHRNEYGIASILDSYQCTAEISLADLATIFFAQFVQEATYKEVSKMVKDALTAIEKPT
GDEQSSGCLE--NQLPAFLEELCHEKE--ILEKYGHSDCCSQSEEGRHNCFLAHKKPTP-
--ASIPLFQVPEPVTSCEAYEEDRETFMNKFIYEIARRHPFLYAPTILLWAARYDKIIPS
CCKAENAVECFQTKAATV-T
```

Predicted features:

DOMAIN	19	210	Albumin	[condition: none]
DISULFID	99	114		[condition: C-x*-C]
DISULFID	113	124		[condition: C-x*-C]
DISULFID	148	193		[condition: C-x*-C]
DISULFID	192	201		[condition: C-x*-C]

Absent features:

DISULFID	32	78		[condition not true: C-x*-C]
DISULFID	77	85		[condition not true: C-x*-C]

Figura 3.2 Domínio 1 [19-210] da Aifa-fetoproteína

211 - 402: **score =** 78.653

```
KELRESSLLNQHACAVMKNFGTRTFQAITVTKLSQKFTKVNFTEIQKLVLDVAHVHEHCC
RGDVLDCL----QDGEKIMSYICSQQD--TLSNK-ITECCKLTTLERGQCIIHAENDEKP
EGLSPNLNRFLGDRDFNQFSSGEKNIFLASFVHEYSRRHPQLAVSVILRVAKGYQELLEK
CFQTENPLECQDKGEEEL-Q
```

Predicted features:

DOMAIN	211	402	Albumin	[condition: none]
DISULFID	224	270		[condition: C-x*-C]
DISULFID	269	277		[condition: C-x*-C]
DISULFID	289	303		[condition: C-x*-C]
DISULFID	302	313		[condition: C-x*-C]
DISULFID	384	393		[condition: C-x*-C]

Absent feature:

DISULFID	340	385		[condition not true: C-x*-C]

Figura 3.3 Domínio 2 [211-402] da Aipha-Fetoproteína

403 - 601: **score =** 81.231

```
KYIQESQALAKRSCGLFQKLGEYYLQNAFLVAYTKKAPQLTSSELMAITRKMAATAATCC
QLSEDKLLACGEGAADIIIGHLCIRHEMTPVNPG-VGQCCTSSYANRRPCFSSLVVDETY
VPPAFSDDKFIFHKDLCQAQGVALQTMKQEFLINLVKQKPQITEEQLEAVIADFSGLLEK
CCQGQEQEVCFAEEGQKLIS
```

Predicted features:

DOMAIN	403	601	Albumin	[condition: none]
DISULFID	416	462		[condition: C-x*-C]
DISULFID	485	501		[condition: C-x*-C]
DISULFID	500	511		[condition: C-x*-C]
DISULFID	538	583		[condition: C-x*-C]
DISULFID	582	591		[condition: C-x*-C]

Absent feature:

DISULFID	461	469		[condition not true: C-x*-C]

Figura 3.4 Domínio 3 [403-601] da Aipha-Fetoproteína

2. REVISÃO DA LITERATURA

A alfa-fetoproteína humana (HAFP) é uma proteína fetal associada ao tumor, denominada proteína oncofetal, constituída por 609 aminoácidos (AA), incluindo uma sequência de sinalização de 19 aminoácidos (AA). A HAFP demonstrou ser um fator de aumento do crescimento na sua configuração de comprimento total nativa, compacta e circulante, em estudos de crescimento e proliferação de células fetais e tumorais.

2.1 Péptido de alfa-fetoproteína (AFPep)

O péptido inibidor do crescimento (GIP) derivado da alfa-fetoproteína (AFP) é um segmento de 34 aminoácidos da molécula de AFP humana de comprimento total que inibe o crescimento tumoral e as metástases. Verificou-se que o GIP-34 e o seu segmento carboxi-terminal de 8 mers, denominado GIP-8, são eficazes como péptidos terapêuticos anticancerígenos contra nove tipos diferentes de cancro humano. Após a absorção do GIP-34 e do GIP-8 no citoplasma da célula, cada um segue cascatas de transdução de sinal ligeiramente diferentes a caminho das vias inibitórias do crescimento e da proliferação das células tumorais. Está demonstrado que os mecanismos de ação paralelos do GIP-34 e do GIP-8 envolvem a interferência de cascatas de transdução de sinal que, em última análise, resultam em: paragem da fase S/fase G2 do ciclo celular; prevenção da degradação do inibidor da ciclina; proteção do p53 contra a inativação por fosforilação; e bloqueio dos canais iónicos K^+ abertos pelo estradiol e pelo fator de crescimento epidérmico (EGF). O fragmento de GIP derivado de HAFP foi descrito como um regulador negativo do crescimento fetal e cancerígeno e é composto por três subfragmentos bioactivos contíguos que consistem em 12 AAs (GIP-12), 14 AAs (GIP-14) e 8 AAs (GIP-8). Embora os três fragmentos peptídicos apresentem bioatividade em vários modelos de crescimento in vitro e in vivo, o GIP-34 e o GIP-8 demonstraram consistentemente uma atividade de crescimento anticancerígeno. Estas várias equipas de investigação iniciaram estudos sobre o péptido de 8 mers que, desde então, confirmaram e alargaram o trabalho de Mizejewski et al. e ampliaram a utilidade do GIP-8 (AFPep) como agente anticancerígeno.

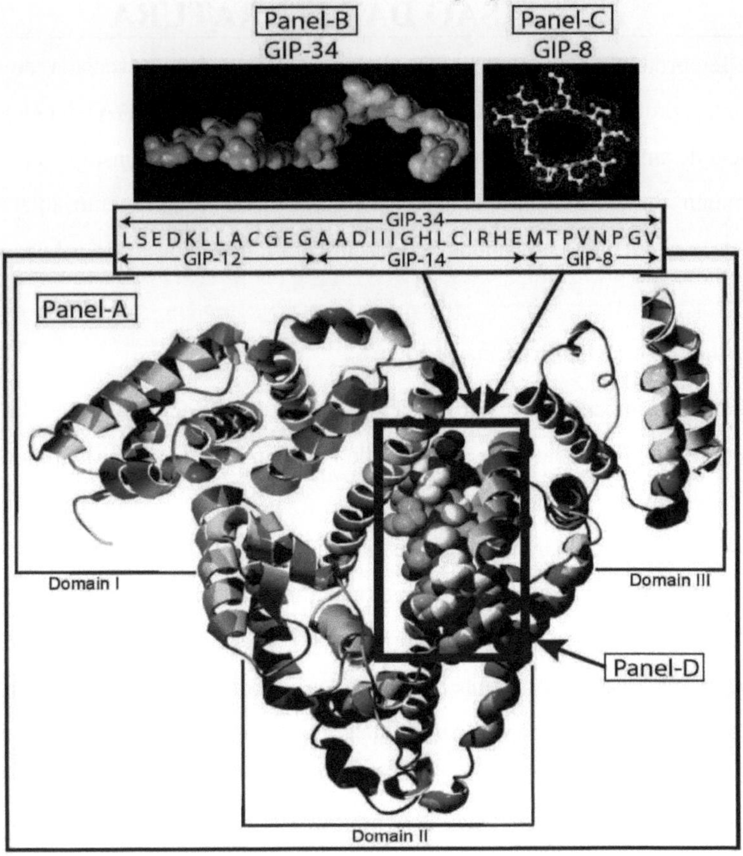

Figura 4: Três subfragmentos bioactivos contíguos

Quadro 1: Antecedentes históricos e desenvolvimento dos péptidos inibidores do crescimento derivados da alfa-fetoproteína humana [AFP] - 34-mer (GIP-34) e 8-mer (GIP-8); relevância para as actividades biológicas

Year	Organism, Cell Culture or Chemical	Cell, Tissue, or Synthesis	Biological or Biochemical Activity/Role of GIP-34	Author and References
1990–1993	Mouse, human, peptide sequence	Immature uterus, GIP-34 synthesis, MCF-7 breast cancer cells	Discovery of GIP-34; suppression of estrogen-stimulated uterine and cancer growth	Mizejewski et al.
1994–1995	Human AFP-derived peptides GIP-34 and GIP-8	FMOC GIP-34 peptide synthesis, immature mouse uterus; FMOC-synthesized GIP-8, MCF-7 cells	Trypsin digest of GIP-34; GIP-8 and two subfragments were produced and bioassayed	Mizejewski et al.
1996–1997	Mouse, Human AFP AFP-derived peptides, GIP-34, GIP-8	Immature uterus, MCF-7 breast cancer cells, NYLAR mouse ascites tumor-6WI-1	-suppression of estrogen-stimulated uterine growth; two U.S. Patents-suppression of ascites breast tumor growth; -suppression of breast cancer cell proliferation	Mizejewski et al.
1998	Human AFP-derived peptides, transformed serum HAFP	AFP-derived GIP-34, GIP-8 and fragments	U.S. patent issued for GIP-34, GIP-8, GIP-12, and GIP-14	Mizejewski, Richardson et al.
1999	Human AFP-derived peptides, mouse ascites fluid, MCF-7 cell	AFP-derived GIP-34, mouse mammary tumor; linear GIP-8	GIP-34 peptides bind to Human Estrogen Receptor; GIP-34, GIP-8-suppresses breast tumor	Vakharia; Butterstein et al.; Mizejewski et al.

	focus assay		growth	
2000	Human AFP-derived peptide, mouse ascites; GIP-12, GIP-14, GIP-8	AFP-derived GIP-34; GIP-8 synthesized in a cyclic form	Peptides GIP-34 and GIP-12 binds to human estrogen receptor, GIP-14 binds estradiol and suppresses breast cancer growth	Vakharia and, Mizejewski;Mesfin et al.
2001	Human AFP-derived peptide, immature mouse	AFP-derived GIP-34 and GIP-8, mouse uterus, mammary ascites fluid and tumor cells	study of GIP-34 tumor, dimer/trimer oligomer activities GIP-8-suppresses uterine growth stimulated by E2	Mizejewski; Eisele et al., MacColl et al.; Mesfin et al.
2002	Human cancer cell cultures, GIP-34 and GIP-8 amino acid analogs	Prostate cancer, breast cancer cells, MCF-7, T47D, MBA-MB-231	Peptide GIP-34 suppresses growth of prostate and GIP-8 suppresses breast cancer cells	Mizejewski; Caceres et al.; Bennett et al.; Mesfin et al.
2003	AFP-derived peptide (GIP-34), immature rat, human breast cancer xenografts, chicken, mouse pups, and pregnant linear Dams, GIP-8 fragments	Human derived peptide, estrogen stimulated uterus, MCF-7, 6WI-1 Breast cancer cells, Chick embryo, pups and pregnant mice—GIP-34. GIP-8 and E2-toxicity and insulin birth defects	Peptide binds cobalt and zinc; suppresses E2-supported uterine growth and basal growth of ductal and glandular breast cancer cells; GIP peptide suppresses insulin-induced birth defects; inhibits estrogen-induced uterine growth and fetotoxicity	Butterstein et al., Mizejewski et al.; Andersen et al.
2004	GIP-34, GIP-8	HELA cells,	Peptide GIP-8 optimal	Mizejewski et al.

	human cell cancer cultures and erythrocytes, mouse pups, binding and polymer assays	immature mouse uterus, MCF-7 breast cancer cells, GIP-34, GIP-8	dose for growth suppression; pharmacophore discovered GIP-34 binding of tubulin, Congo Red and ANS fluorescent markers	DeFreest et al.
2005	Mouse mammary tumors, various human tumors, ECM protein adhesion assays, GIP-34, GIP-8	GWI-1 acsites mouse mammary of tumors, MCF-7 breast cancer cell, colon, ovary, prostate, melanoma, etc.; Nitrosouria-induced rat breast cancer suppression by GIP-8	Peptide GIP-34 suppresses growth of 38 of 60 human tumors, mouse ascites tumors, and adhesion of cancer cells to ECM, cancer cell migration invasion, and metastasis; GIP-8 is orally active; cyclin E1 inhibited	Bennett et al.; Mizejewski et al.; Turk et al.; Muehlemann et al.
2006	Chick embryo, frog tadpole, artemia brine shrimp; cancer mouse organs; human cancer, Ache enzymes, cytochromes, and enzymes	Liver, adult and immature uterus, breast cancer cells, human platelets, MCF-7, GI-101 Breast tumors	GIP-34 peptide inhibits cell migration, spreading, adhesion, growth processes of lower vertebrates, cell shape changes (cytoskeleton), and contact inhibition. GIP-8, found as orally active	Bennett et al.; Mizejewski et al.
2007	Human GIP-34 and GIP-8 peptides, and AFP receptor; mouse and human cancer	MCF-7, T-47D, MDA-MB-231, MDA-MB-435, breast cancers, PC-3 prostate; liver, glial tumors,	Peptides GIP-34 and GIP-8 suppresses growth of various cancers; inhibits angiogenesis and ECM protein binding; GIP-8 does not bind to the AFP	Mizejewski; Kirschner et al.; Andersen et al.

	cell cultures, tamoxifen treated cells	uterine hyperplasia suppressed by GIP-8	receptor	
2008	Human AFP full-length protein and cyclized peptides GIP-34 and GIP-8	AFP antigenic epitopes, discovered; MCF-7, ZR75-1, MCB-MB-231 breast cancer cells	Peptides GIP-14 and GIP-8 induce cell-mediated response and cytokine secretion. GIP-8 suppression	Butterfield et al.; Torres et al.; Sierralta et al.
2009	Human full-length AFP derived peptides; Atlas for AFP-derived peptides	GIP-34 peptide and other peptides, cyclized GIP-8, beta Hairpin turn as active binding site	Functional mapping of GIP-34, GIP-12, GIP-14, and GIP-8, breast cancer xenografts	Mizejewski et al.; Shields; Butterfield et al., Joseph et al.; Tower et al.; Torres et al.
2010	Human cancer cell lines, tumor-bearing C3H mice, chemo-drug conjugation; Human cancer cell culture lines	GIP-34 and GIP-8 peptides, MCF-7, ovarian SKOVI, doxorubicin; Follicular thyroid carcinoma, T47D; AFP peptides were proposed for Human therapeutic use	Peptide targeted delivery to various cancer cells in vivo and in vitro; radiolabeled GIP-34 biodistribution; Peptide (GIP-34) suppresses thyroid cancer cell migration, invasion, and metastasis	Mizejewski; Mizejewski et al.; Hua et al.

As actividades biológicas do GIP-8 estão catalogadas e listadas por ordem cronológica no Quadro 1. O segmento GIP-8 (também designado por AFPep, P149c, P447, P472-2) é um péptido de 8 aminoácidos, descrito pela primeira vez pelo autor (GJM) em 1995 como um fragmento anti-cancro e anti-crescimento derivado do segmento GIP de 34 mers. Uma digestão por tripsina do péptido GIP-34 produziu um fragmento de 8-9 aminoácidos que se verificou possuir as propriedades de crescimento anti-cancro dependentes de E- do péptido original de 34 mero. Durante os anos seguintes, o GIP-8 foi sintetizado, caracterizado e testado pelo autor numa série de estudos que confirmaram que o GIP-8 podia prevenir o crescimento e suprimir a proliferação do cancro da mama dependente de E e de células uterinas imaturas. Curiosamente, a supressão idêntica do crescimento uterino imaturo induzido por E, demonstrada pelo GIP-34, também se verificou residir no subfragmento GIP-8: no entanto, apenas o próprio GIP-34 e certos subfragmentos se ligaram ao recetor de estrogénio humano (ER) e ao estradiol, enquanto o GIP-8 sozinho não se ligou a estas moléculas. Nesse mesmo período, Mesfin et al. conseguiram ciclar o GIP-8 através da adição de um aminoácido terminal (Gln ou Asn) para formar um péptido de 9 mers e substituindo a hidroxiprolina por prolina na sequência original. Os seus estudos confirmaram subsequentemente que o GIP-8 ciclizado mantinha as mesmas propriedades de crescimento anti-cancro dependentes de E que a versão original linear de 8 mers. Na sequência desses estudos, Bennett et al. referiram que o GIP-8 ciclizado (AFPep) impediu o crescimento do tamoxifeno em xenoenxertos de cancro da mama humano MCF-7 e em xenoenxertos de cancro da mama resistente ao tamoxifeno em ratos e suprimiu a hiperplasia uterotrófica produzida pelo tamoxifeno em ratos imaturos. Mizejewski e MacColl demonstraram então que a atividade biológica do GIP-34 em relação ao GIP-8 diferia na medida em que este último peptídeo só podia suprimir o crescimento uterino normal e tumoral estimulado por E acima do crescimento basal, enquanto o GIP-34 podia inibir tanto o crescimento dependente de E como o crescimento basal, independentemente da estimulação estrogénica. Em contraste com os relatórios publicados, os dados obtidos noutros laboratórios que utilizaram o GIP-8 mostraram que o péptido de 8 mers é capaz de exercer actividades anticancerígenas e anticrescimento no crescimento apoiado por E e no crescimento basal não apoiado por E em tipos de cancro, como glioblastomas, tumores renais e tumores da ascite mamária.

O mecanismo de ação do GIP-8 difere um pouco do do GIP-34 no que respeita à inibição do crescimento estimulado por E, mas é semelhante em termos de ação à inibição do crescimento basal das células cancerosas. À semelhança do GIP-34, o péptido de 8 mers, quando administrado a células MCF-7, liga-se à camada bilipídica externa da membrana plasmática e pensa-se que se liga a um recetor de superfície celular ou próximo dele, em justaposição a um canal de catiões num grupo de sinalização proteica.

A alfa-fetoproteína (AFP) é uma das principais proteínas séricas produzidas durante o desenvolvimento fetal. Descobertas experimentais sugerem que a AFP tem atividade antiestrotrófica e que pode ser desenvolvida como agente terapêutico para tratar o cancro da mama dependente de estrogénio ou para evitar que focos pré-malignos se transformem em cancro da mama. A atividade antiestrotrófica da AFP foi descrita como estando localizada num péptido constituído pelos aminoácidos 447^{Л}480, um péptido de 34 mers denominado P447. Uma série de análises e substituições de aminoácidos na sequência P447 destinava-se a identificar o análogo mais curto que mantivesse a atividade antiestrófica. Os péptidos relacionados com o P447 foram gerados utilizando a síntese de péptidos em fase sólida. Vários peptídeos mais curtos, incluindo um 8-mer denominado P472-2 (aminoácidos 472-479, sequência peptídica EMTPVNPG), mantiveram a atividade, enquanto os peptídeos com menos de oito resíduos de aminoácidos eram inactivos. A atividade antiestrófica relacionada com a dose dos péptidos derivados da AFP foi determinada num ensaio de crescimento uterino de ratinho imaturo que mede a sua capacidade de inibir o crescimento uterino estimulado pelo estradiol.

Um peptídeo (peptídeo derivado da a-fetoproteína (AFPep), sequência *cyclo* (EKTOVNOGN), onde O é hidroxiprolina) derivado do sítio ativo da a-fetoproteína (AFP) tem sido investigado como um potencial agente para a prevenção ou terapia do cancro da mama com recetor de estrogénio positivo (ER+). Depois de identificar o local ativo da AFP como um péptido de oito aminoácidos. Mesfin desenvolveu um péptido ciclizado mais estável com um potencial substancial como agente farmacêutico. O péptido derivado da a-fetoproteína demonstrou inibir o crescimento de xenoenxertos de cancro da mama humano em ratos e prevenir o desenvolvimento de cancros mamários induzidos por carcinogéneos em ratos.

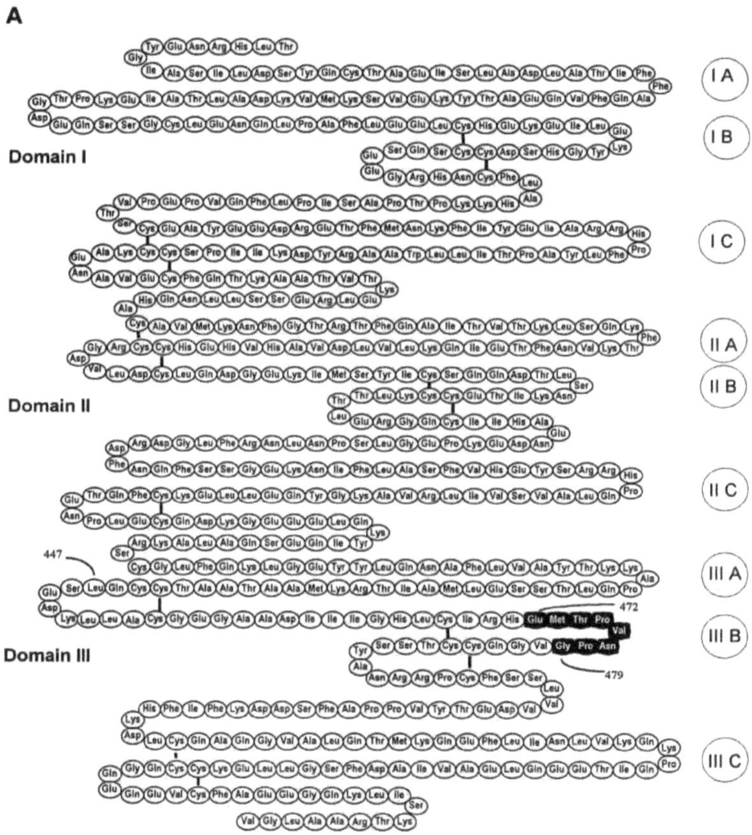

Figura 5 Localização do péptido no domínio 3rd

A estrutura da alfa-fetoproteína (AFP) é apresentada à luz da sua pertença e posição na família de genes albuminóides em comparação com outros membros da família de genes. A expressão ontogenética do gene da AFP é revista tendo em conta a presença do ARNm da AFP em vários tecidos em diferentes alturas do desenvolvimento. As múltiplas formas moleculares variantes da AFP são discutidas em relação aos relatórios publicados sobre as proteínas de ligação da AFP e os receptores de superfície celular. O atlas mostra ainda a AFP como uma proteína que consiste em múltiplas cassetes de péptidos, constituídas por trechos de sequência de aminoácidos (AA) correspondentes a segmentos de péptidos de pró-hormonas e proteínas modificadoras da resposta biológica. Estes segmentos peptídicos da AFP podem potencialmente servir como agentes de entrega que podem ter como alvo células vasculares, neuroendócrinas ou gastrointestinais. Segue-se uma discussão em que são considerados os epítopos do péptido , as proteínas da matriz extracelular, as serino-proteases, a matriz extracelular e os locais de identidade da adesão celular AA na AFP. A molécula de AFP também é vista como uma proteína de transporte/transporte com base na comparação da sequência de AA de várias proteínas que ligam ligandos hidrofóbicos e metais pesados, semelhante à ligação da AFP a esses componentes. Segue-se uma análise dos factores de transcrição, dos supressores de tumores e dos motivos ricos em AA, em interface com a dimerização e as correspondências de sequência de localização nuclear identificadas na molécula de AFP. A ênfase é ainda colocada nas identidades das sequências AA do homeodomínio e da apoptose, dado que a AFP funciona como uma proteína específica da fase fetal ao longo da embriogénese, histogénese e organogénese. As sequências AA da AFP são ainda apresentadas como locais de identificação de péptidos para factores de crescimento, receptores, proteínas do citoesqueleto e quimiocinas. Uma discussão final resume os motivos múltiplos e variados das sequências de péptidos correspondentes aos AAs em cada um dos três domínios da AFP. Este estudo indica que os segmentos peptídicos curtos, para além da AFP completa e dos fragmentos de domínios e subdomínios da AFP, podem ser utilizados como agentes funcionais para ajudar a desvendar a complexidade dos papéis biológicos atribuídos à AFP humana.

Quadro 2 Propriedades físico-químicas dos quatro membros proteicos da família genética dos albuminóides humanos

Physicochemical properties	Serum albumin	α-Albumin	α-Fetoprotein	Vitamin D Gc protein
Molecular weight (kDa)	65-68	80-67	67-72	58
Number of amino acids*	609	599	609	474
Peptide domains	3.0	3.0	3.0	2.6
Messenger RNA (kb)	2.1	2.3	2.2	1.7
Sedimentation coefficient(s)	4.5	NR	4.5	4.1
Serum concentration	30 mg/ml	20:g/ml	50:g/ml newborn	400/g/ml
N-glycosylation sites	0.0	4.0	1.0	1.0
Percent carbohydrate (%)	<0.5	21.0	3-5	5
Lectin binding	Absent	NR	Present	Present
Chromosome location	4	4	4	4
Synthesis	Adult liver	Adult liver	Fetal liver; yolk sac; regenerating liver	Adult liver
Half-life (days)	15-16	NR	2.5	NR
Secondary structure (%)				
α-helix	47.4	NR	36.4	29.9
β-sheet	13.7	—	23.0	14.0
β-turn	26.0	—	34.0	42.0
Random coil	15.4	—	9.5	17.5
Ligand binding	Fatty acids	NR	Fatty acid	Fatty acids
	Bilirubin	—	Bilirubin	Vitamin D
	Metals	—	Metals	Actin
	Steroids	—	Steroids	C5a and C5a des-Arg
	Lysolecithin	—	Dyes	

2.2 Papel da inflamação

Embora a alfa-fetoproteína tenha sido implicada há muito tempo na inflamação durante a gravidez e na disfunção hepática do adulto, a literatura carece de uma revisão dessa relação. A clarificação do papel da alfa-fetoproteína na resposta inflamatória é explorada no que respeita à participação da AFP como reagente inflamatório de fase positiva e/ou negativa. A inflamação segue uma sucessão complexa de alterações vasculares que envolvem alternâncias nos vasos sanguíneos e linfáticos, tanto a nível intracelular local como a nível do órgão (fígado). A resposta inflamatória pode resultar numa fase aguda ou evoluir para uma fase crónica após uma lesão ou um insulto provocado por corpos estranhos, micróbios, toxinas, carcinogéneos ou auto-antigénios auto-imunes. O local da inflamação atrai infiltrados de células pleiomórficas que segregam vários mediadores químicos, tais como citocinas, quimiocinas, interferões, histaminas e uma série de outros. Nos adultos, o gene HAFP é silenciado por processos de metilação e a AFP reaparece apenas em casos de lesão/regeneração hepática e em tumores sólidos, como hepatomas e cancros de células germinativas. A semi-vida da HAFP foi determinada em 3-4 dias em populações neonatais e pediátricas e em 5-6 dias ou mais no soro de doentes adultos com cancro . Posteriormente, o HAFP "envelhecido" em circulação é eliminado da corrente sanguínea pelos receptores de superfície celular da asialoglicoproteína nas células sinusoidais de Kupffer hepáticas e degradado proteoliticamente no fígado. Durante o desenvolvimento embrionário e fetal, a AFP é capaz de modular, restringir ou regular vários estados diferentes de inflamação e crescimento indesejado durante a histogénese e a organogénese. Assim, tem sido referido que a AFP funciona como uma proteína de fase aguda da inflamação, tanto de forma positiva como negativa, dependendo da fase de desenvolvimento da ontogénese.

Há muito que se sabe que a gravidez está associada a uma diminuição do risco de cancro da mama. Estimámos que, se a administração a curto prazo de um medicamento a mulheres em risco diminuísse o seu risco de cancro da mama na mesma medida que a experiência da gravidez, poderíamos evitar até 50 000 casos de cancro da mama por ano. A alfa-fetoproteína (AFP), uma proteína produzida pelo fígado do feto, é um dos agentes da gravidez que conduz a uma redução significativa do risco de contrair cancro da mama nas mulheres que passam por uma gravidez de termo. A AFP impede o crescimento de tumores de cancro da mama humano dependentes de estrogénio (xenoenxertos) que foram transplantados para ratinhos imunodeficientes. A AFP não é tóxica e o seu mecanismo de ação é diferente do dos agentes atualmente utilizados na clínica para tratar o cancro da mama, mas não seria um medicamento muito bom porque é demasiado grande. Concebemos um novo péptido sintético cíclico, o AFPep, que imita o local ativo da AFP. O AFPep inibe o crescimento de células humanas de cancro da mama em cultura e em xenoenxertos em ratos. O AFPep tem um novo mecanismo de ação, diferente do do tamoxifeno; de facto, o AFPep é ativo mesmo contra formas de cancro da mama resistentes ao tamoxifeno. Recentemente, demonstrámos que o AFPep pode prevenir o cancro quando administrado a animais que foram expostos a um potente carcinogéneo. Os estudos pré-clínicos destinam-se a transformar esta molécula num agente farmacêutico útil para a prevenção e o tratamento do cancro da mama humano. (São utilizados modelos de prevenção do cancro e modelos de toxicidade.) Continuamos a desenvolver análogos especializados da AFPep que possuem propriedades importantes e desejáveis, tais como serem activos após administração oral (a conceção e a síntese de péptidos é a técnica principal). As investigações do mecanismo de ação incluem estudos de cultura de células para investigar as vias de sinalização.

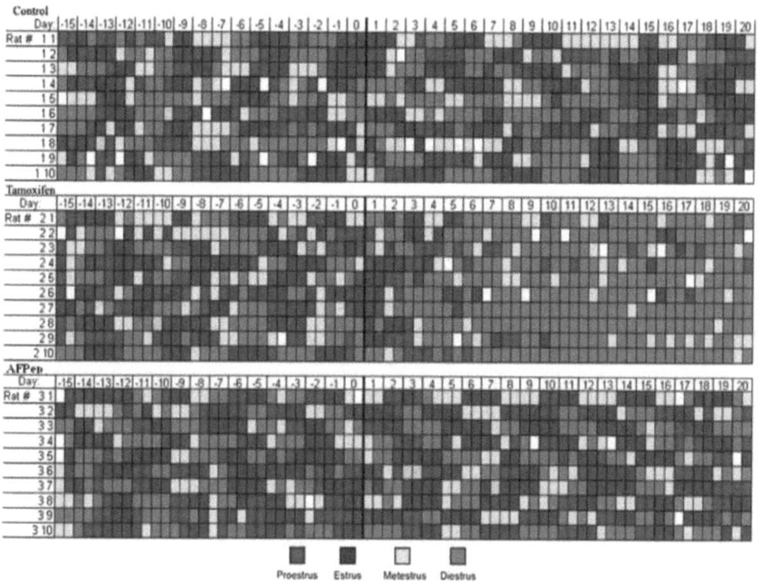

Figura 6 Fases do ciclo estral de ratas individuais antes e durante o tratamento com tamoxifeno ou AFPep.

3. MATERIAIS E MÉTODOS

3.1 Recuperação de sequências

De acordo com a revisão da literatura, a sequência FASTA da alfa-fetoproteína foi obtida do NCBI com o número de acesso NP_001125.1 O ARNm humano que codifica a alfa-fetoproteína (AFP) tem um comprimento de 609aa. A sequência foi derivada de rato e sequenciada experimentalmente com base na previsão e interação com as proteínas de choque térmico.

3.2 Análise de sequências

A análise da sequência foi efectuada utilizando o ProtParam (Gasteiger E. et al., 2005). O ProtParam é uma ferramenta que permite o cálculo de vários parâmetros físicos e químicos para uma determinada proteína armazenada no Swiss-Prot ou TrEMBL ou para uma sequência de proteínas introduzida pelo utilizador. Os parâmetros calculados incluem o peso molecular, o pI teórico, a composição de aminoácidos, a composição atómica, o coeficiente de extinção, a semi-vida estimada, o índice de instabilidade, o índice alifático e a média geral da hidropatia (GRAVY).

3.3 Modelação Ab-initio

Uma vez que a estrutura não estava presente no PDB, a estrutura foi modelada utilizando o servidor I-TASSER (Y Zhang, 2008). O I-TASSER (Iterative Threading ASSEmbly Refinement) é um método hierárquico de previsão da estrutura e da função das proteínas. Os modelos estruturais são primeiramente identificados a partir do PDB através da abordagem LOMETS de enfiamento múltiplo; os modelos atómicos completos são construídos através de simulações iterativas de montagem de fragmentos de modelos; as indicações de função do alvo são finalmente derivadas através do enfiamento dos modelos 3D na base de dados de funções proteicas BioLiP. O I-TASSER (como "ZhangServer") foi classificado como o servidor n.º 1 para a previsão da estrutura de proteínas em experiências recentes de CASP7, CASP8, CASP9, CASP10 e CASP11. Foi também classificado como o melhor para a previsão de funções no CASP9. O servidor está em desenvolvimento ativo com o objetivo de fornecer as previsões estruturais e funcionais mais precisas utilizando algoritmos de última geração. Foram geradas e validadas 5 estruturas utilizando o COOT (P. Emsley et al., 2010). Com base na pontuação C, a melhor estrutura prevista foi selecionada e impediu uma análise mais aprofundada.

3.4 Pesquisa de modelos

A sequência foi submetida à análise BlastP (Altschul et al., 1990) e foram encontrados modelos de homólogos estruturais quando foi prevista na base de dados PDB com parâmetros predefinidos. Os modelos 4BKE, 2I2Z, 1BKE e 1AO6 foram selecionados com base na sua pontuação de identidade e valor E.

3.5 Modelação da estrutura

A previsão da estrutura é necessária para observar a conformação in silico e o mecanismo de interação da proteína. Uma vez que nenhuma estrutura foi depositada no PDB, a previsão foi efectuada utilizando o MODELLER 9.14 (N. Eswar et al., 2006) a partir dos dados de modelos homólogos obtidos da análise BlastP. O MODELLER é utilizado para a homologia ou modelação comparativa de estruturas tridimensionais de proteínas. O utilizador fornece um alinhamento de uma sequência a modelizar com estruturas relacionadas conhecidas e o MODELLER calcula automaticamente um modelo que contém todos os átomos não-hidrogénicos. O MODELLER implementa a modelação comparativa de estruturas proteicas através da satisfação de restrições espaciais e pode executar muitas tarefas adicionais, incluindo a modelação de novo de loops em estruturas proteicas, a otimização de vários modelos de estrutura proteica em relação a uma função objetiva definida de forma flexível, o alinhamento múltiplo de sequências e/ou estruturas proteicas, a agregação, a pesquisa de bases de dados de sequências, a comparação de estruturas proteicas, etc. A abordagem de modelação básica (modelação de modelo único) é tida em consideração e os modelos listados foram submetidos ao método de comparação no MODELLER9.14 (compare.py) para encontrar o melhor modelo de acordo com o valor R.

3.6 Previsão de locais activos

A sequência peptídica encontrava-se na região 472-479. A previsão do sítio ativo foi feita utilizando CastP (Joe Dundas et al., 2006) e DoGSiteScorer (A. Volkamer et al.,

2012). O sítio ativo foi observado na região de interesse. O Castp permite identificar e medir as bolsas acessíveis à superfície, bem como as cavidades interiores inacessíveis, para proteínas e outras moléculas. Mede analiticamente a área e o volume de cada bolsa e cavidade, tanto na superfície acessível ao solvente (SA, superfície de Richards) como na superfície molecular (MS, superfície de Connolly). Mede igualmente o número de aberturas bucais, a área das aberturas, a circunferência dos lábios bucais, tanto na superfície SA como na superfície MS para cada bolsa. O DogSiteScorer é uma ferramenta automatizada de deteção e análise de bolsas que pode ser utilizada para a avaliação da drogabilidade de proteínas. As previsões com o DoGSiteScorer baseiam-se no tamanho, na forma e nas caraterísticas químicas calculadas das bolsas previstas automaticamente, incorporadas numa máquina de vectores de apoio para a estimativa da drogabilidade.

3.7 Análise de mutações

A análise das mutações foi efectuada utilizando I-Mutant 2.0 (Capriotti et al., 2005), SIFT (Kumar et al., 2009) e PolyPhen-2 (Ivan et al., 2010).

3.7.1 I-Mutante 2.0

O I-Mutant2.0 é um servidor Web baseado em Support Vetor Machine para a previsão automática de alterações na estabilidade das proteínas após mutações num único local.

3.7.2 SIFT

O SIFT prevê se uma substituição de aminoácidos afecta a função da proteína. A previsão SIFT baseia-se no grau de conservação dos resíduos de aminoácidos em alinhamentos de sequências derivados de sequências estreitamente relacionadas, recolhidos através do PSI-BLAST.

3.7.3 Polifen-2

O PolyPhen-2 (Polymorphism Phenotyping v2) é uma ferramenta que prevê o possível impacto de uma substituição de aminoácidos na estrutura e na estrutura de 25

função de uma proteína humana utilizando considerações físicas e comparativas simples.

3.8 Construção de péptidos

Os mutantes previstos foram construídos pelo ArgusLab 4.0. O ArgusLab é um programa de modelação molecular, gráficos e conceção de medicamentos para sistemas operativos Windows. Os péptidos foram construídos utilizando a ferramenta de construção de estruturas com valores psi e phi predefinidos.

3.9 Otimização da geometria de péptidos

As estruturas peptídicas, tanto mutantes como selvagens, foram optimizadas geometricamente utilizando o ArgusLab, usando o método de descida mais acentuada com campos de força UFF, em que o ciclo geométrico máximo foi definido para 500000.

3.10 Adição de hidroxiprolina ao octapeptídeo

Conforme estudado experimentalmente, o efeito do octapeptídeo provou ser eficaz contra as linhas celulares de cancro da mama em ratos e mostrou uma ação inibidora máxima. Mas, de acordo com o estudo experimental anterior, o octapéptido foi modificado pela adição de hidroxiprolina à posição onde a prolina está presente. A estrutura foi esboçada utilizando COOT e a adição ao péptido previamente concebido foi incorporada e optimizada.

3.11 Simulação de dinâmica molecular de péptidos

A Dinâmica Molecular foi efectuada para os péptidos mutados para verificar a estabilidade da conformação em intervalos de tempo. A Simulação de Dinâmica Molecular surgiu como um aspeto vital para interpretar o nível molecular de vários péptidos. O estado das abordagens experimentais foi simplificado pela abordagem de simulação, uma vez que revela o mecanismo envolvido a nível atomístico dos péptidos.

Aqui no nosso estudo, a abordagem de simulação de dinâmica molecular foi aplicada para estudar o aspeto funcional e de estabilidade dos péptidos. Os péptidos foram submetidos a um estudo de dinâmica em ambiente solvente utilizado na versão GROMACS 4.5.5 (Sander Pronk et al., 2013). O campo de força OPLS foi escolhido para a minimização dos peptídeos .4 íons cl- foram adicionados como contra-íons para neutralizar as cargas no sistema. Os péptidos com iões adicionados foram centrados numa caixa cúbica de dimensão predefinida com moléculas de água spc. Em seguida, a minimização da energia foi efectuada durante 25000 passos (50ps) com o algoritmo de descida mais acentuada até a energia potencial convergir e estabilizar. Foi aplicado o PME para o tratamento das interações electrostáticas de longo alcance. O estado de equilíbrio do sistema foi então alcançado com a temperatura e a pressão mantidas constantes durante 100ps (50000 passos). Finalmente, a Dinâmica Molecular foi efectuada para a proteína minimizada mantendo os parâmetros por defeito. O algoritmo LEAP FROG foi utilizado para integrar a equação de Newton na simulação MD. O algoritmo Linear Constant Solver foi utilizado nas ligações covalentes da proteína para manter os comprimentos das ligações constantes. Foi efectuada uma pesquisa de vizinhança do tipo grelha e a eletrostática de longo alcance foi tratada utilizando o PME. Finalmente, o sistema equilibrado foi sujeito a simulações MD durante 2 ns a 300K e todos os átomos foram autorizados a mover-se livremente com o objetivo de estudar a estabilidade e as suas conformações após a simulação, quando comparadas com a estrutura da proteína modelada de tipo selvagem.

3.12 Atracagem

Para compreender a ligação dos péptidos concebidos à Hsp70, foram utilizados os programas HEX 8.0.0 (G. Macindoe et al., 2010) e ClusPro 2.0 (Comeau et al., 2004).

3.12.1 Hex 8.0.0

O Hex é um programa interativo de acoplamento de proteínas e de sobreposição molecular. Os péptidos concebidos foram acoplados à Hsp70 utilizando o Hex para analisar o melhor local de ligação e avaliar a afinidade de ligação.

3.12.2 ClusPro 2.0

Os péptidos simulados foram acoplados à Hsp70 utilizando o ClusPro 2.0.

4. RESULTADOS E DISCUSSÃO

4.1 Cálculo dos parâmetros físico-químicos

Como resultado de cálculos físicos e químicos, a alfa-fetoproteína tem um peso molecular de 68677,5 e o seu pl teórico é 5,48. O número total de átomos é 9580. A semi-vida estimada é de 30 horas (reticulócitos de mamíferos, in vitro), >20 horas (levedura, in vivo) e >10 horas (Escherichia coli, in vivo). A proteína tem um índice alifático de 82,69.

Tabela 3Composição de aminoácidos da Aifa-fetoproteína

Ala (A)	50	8.2%
Arg (R)	22	3.6%
Asn (N)	20	3.3%
Asp (D)	23	3.8%
Cys (C)	32	5.3%
Gln (Q)	40	6.6%
Glu (E)	59	9.7%
Gly (G)	26	4.3%
His (H)	16	2.6%
Ile (I)	34	5.6%
Leu (L)	60	9.9%
Lys (K)	42	6.9%
Met (M)	9	1.5%
Met (M)	32	5.3%
Pro (P)	21	3.4%
Ser (S)	38	6.2%
Thr (T)	36	5.9%
Trp (W)	2	0.3%
Tyr (Y)	17	2.8%
Val (V)	30	4.9%
Pyl (O)	0	0.0%
Sec (U)	0	0.0%

Número total de resíduos com carga negativa (Asp + Glu): 82

Número total de resíduos com carga positiva (Arg + Lys): 64

Quadro 4Composição atómica da Aifa-fetoproteína

Carbon	3030
Hydrogen	4773
Nitrogen	811
Oxygen	925
Sulfur	41

4.2 Modelação da estrutura das proteínas

A estrutura terciária da alfa-fetoproteína não estava presente no PDB. Por isso, a estrutura foi modelada utilizando I-TASSER e MODELLER. Foram obtidas 5 estruturas por I-TASSER e 100 estruturas por MODELLER.

4.3 Validação da estrutura da proteína

Com base na sua pontuação C, foi selecionada 1 estrutura entre as 5 obtidas no I-TASSER. E com base na pontuação DOPE, foi selecionada 1 das 100 estruturas obtidas a partir do MODELLER. O gráfico de Ramachandran de ambas as estruturas selecionadas foi estudado utilizando ProSa e RAMPAGE. O ProSA calcula uma pontuação de qualidade global para uma estrutura de entrada específica. Se esta pontuação estiver fora de um intervalo caraterístico das proteínas nativas, a estrutura contém provavelmente erros. Um gráfico das pontuações de qualidade locais aponta para as partes problemáticas do modelo, que também são destacadas num visualizador de moléculas 3D para facilitar a sua deteção. A qualidade global do modelo obtida foi de -10,83 (Z-Score).

Local model quality Help

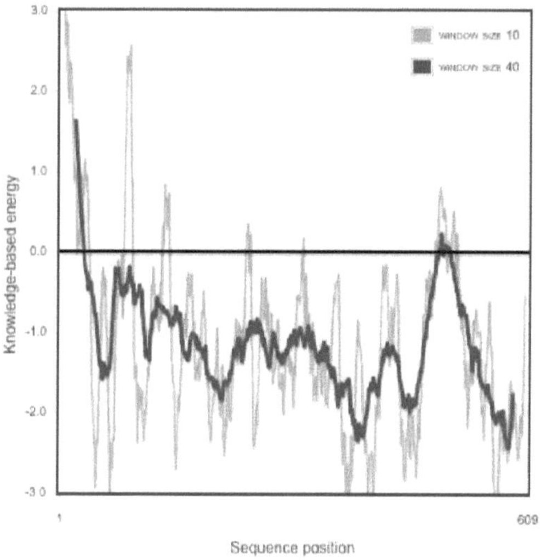

Overall model quality Help

Z-Score: **-10.83**

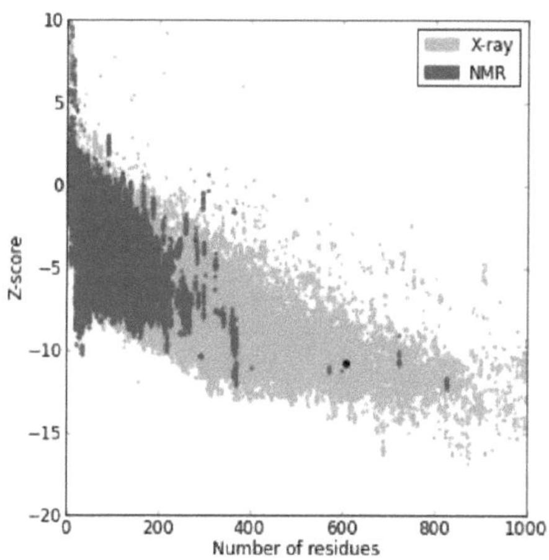

Figura 7 Resultados obtidos com o ProSa

Quadro 5 Comparação das estruturas obtidas com I-TASSER e MODELLER

Tool	% Residues in most favoured regions	% Residues in allowed regions	% Residues in Disallowed regions
I-TASSER	94.1	3.6	2.3
MODELLER	96.5	2.6	0.8

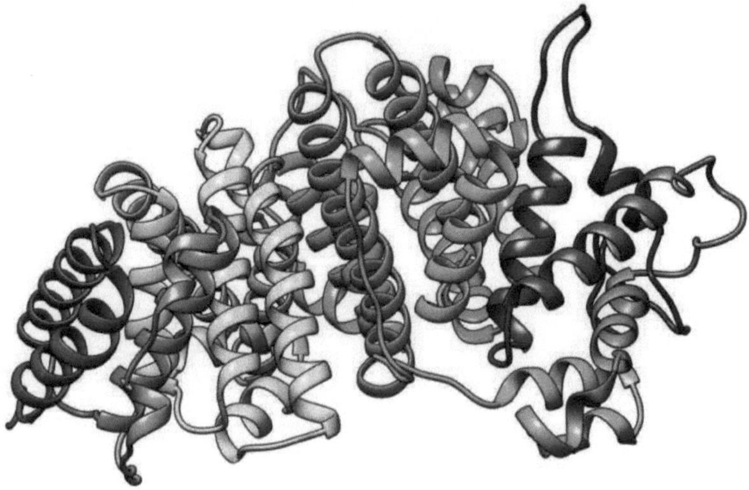

Figura 8 Estrutura modelada da Aipha-Fetoproteína

4.4 Localização do péptido

A proteína foi visualizada em Chimera e a localização do péptido foi observada. O péptido estava localizado nos pontos 489-496.

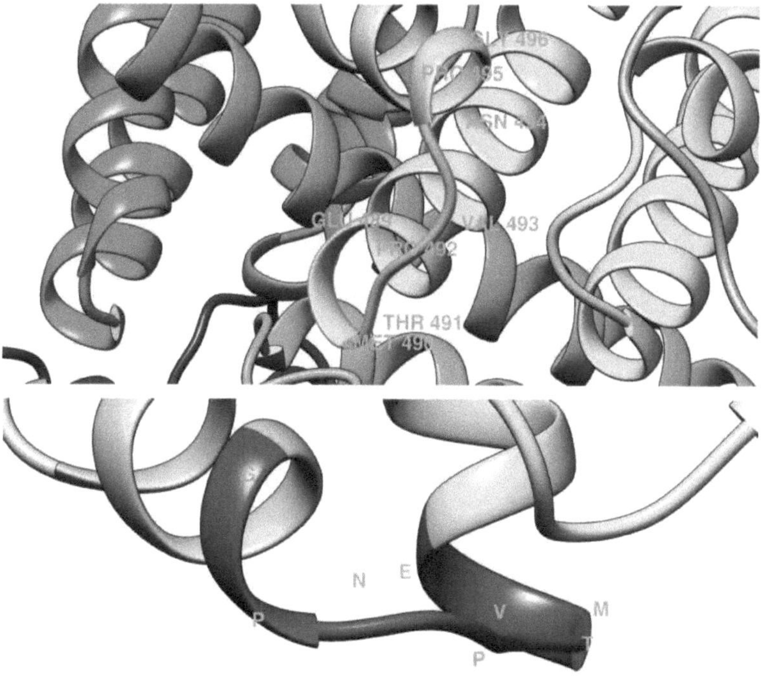

Figura 9 Localização do péptido 489-496 visualizado em Chimera

4.5 Estudo de mutação utilizando SIFT, PolyPhen-2 e I-Mutant 2.0

A análise das mutações foi efectuada através de uma análise combinada dos resultados obtidos com 3 ferramentas diferentes.

Quadro 6 Análise de mutações

Position	Substitution	Characteristic	SIFT Tolerated	SIFT Score	I-Mutant Stability	RI**	DDG*
489	E -> V	Nonpolar	Yes	0.06	Increase	3	-0.08
	E -> L	Nonpolar	Yes	0.21	Increase	3	0.29
	E -> I	Nonpolar	Yes	0.05	Increase	1	0.43
	E -> M	Nonpolar	No	0.03	Increase	4	0.54

pos		A	C	D	E	F	G	H	I	K	L	M	N	P	Q	R	S	T	V	W	Y
476A	**1.00**	0.55	0.18	0.21	0.28	0.69	0.33	0.53	0.42	0.30	0.73	0.24	0.33	0.21	0.30	0.35	0.40	0.40	0.56	0.18	1.00
477A	**1.00**	1.00	0.07	0.03	0.07	0.09	0.05	0.02	0.43	0.07	0.60	0.12	0.04	0.09	0.05	0.04	0.10	0.24	0.87	0.01	0.03
478D	**1.00**	0.06	0.01	1.00	0.06	0.01	0.20	0.03	0.01	0.05	0.01	0.00	0.16	0.03	0.03	0.02	0.28	0.04	0.01	0.00	0.02
479I	**1.00**	0.02	0.01	0.00	0.01	0.05	0.01	0.00	0.68	0.01	1.00	0.06	0.01	0.01	0.01	0.01	0.01	0.02	0.12	0.01	0.01
480I	**1.00**	0.03	0.01	0.01	0.01	0.17	0.02	0.01	0.92	0.02	0.21	0.04	0.01	0.01	0.01	0.02	0.02	0.04	1.00	0.01	0.15
481I	**1.00**	0.02	0.01	0.00	0.01	0.25	0.01	0.00	1.00	0.01	0.41	0.06	0.01	0.01	0.01	0.01	0.01	0.01	0.13	0.01	0.02
482G	**1.00**	0.07	0.01	0.15	0.06	0.01	1.00	0.21	0.01	0.06	0.02	0.01	0.17	0.04	0.04	0.04	0.10	0.04	0.02	0.01	0.03
483H	**1.00**	0.19	0.01	0.53	1.00	0.02	0.09	0.21	0.03	0.21	0.05	0.02	0.12	0.11	0.33	0.07	0.13	0.10	0.05	0.01	0.03
484L	**1.00**	0.05	0.01	0.01	0.01	0.05	0.01	0.01	0.28	0.01	1.00	0.07	0.01	0.01	0.01	0.01	0.01	0.20	0.15	0.01	0.01
485C	**1.00**	0.00	1.00	0.00	0.00	0.00	0.00	0.00	0.00	0.00	0.00	0.00	0.00	0.00	0.00	0.00	0.00	0.00	0.00	0.00	0.00
486I	**1.00**	0.43	0.09	0.19	0.33	0.38	0.25	0.26	1.00	0.61	0.97	0.24	0.25	0.18	0.33	0.52	0.33	0.33	0.96	0.09	0.41
487R	**1.00**	0.12	0.01	0.03	0.15	0.02	0.07	0.09	0.05	0.76	0.11	0.03	0.10	0.08	0.23	1.00	0.09	0.11	0.19	0.02	0.05
488H	**1.00**	0.05	0.01	0.16	0.08	0.02	0.12	1.00	0.01	0.11	0.03	0.01	0.61	0.04	0.33	0.08	0.10	0.05	0.02	0.01	0.04
489E	**1.00**	0.11	0.01	0.18	1.00	0.03	0.05	0.02	0.05	0.11	0.21	0.03	0.04	0.05	0.10	0.05	0.06	0.06	0.06	0.01	0.02
490M	**1.00**	0.74	0.05	0.52	1.00	0.06	0.32	0.11	0.17	0.76	0.26	0.14	0.51	0.23	0.49	0.43	0.64	0.69	0.26	0.02	0.06
491T	**1.00**	0.50	0.06	0.37	0.54	0.07	0.24	0.11	0.15	0.55	0.22	0.12	0.55	0.20	0.35	0.44	0.86	1.00	0.22	0.03	0.09
492P	**1.00**	0.08	0.01	0.02	0.02	0.01	0.04	0.01	0.02	0.03	0.02	0.01	0.03	1.00	0.02	0.02	0.10	0.30	0.04	0.00	0.01
493V	**1.00**	0.01	0.00	0.00	0.00	0.01	0.00	0.00	1.00	0.00	0.05	0.01	0.00	0.00	0.00	0.00	0.00	0.01	0.44	0.00	0.00
494N	**1.00**	0.00	0.00	0.00	0.00	0.00	0.00	0.00	0.00	0.00	0.00	0.00	1.00	0.00	0.00	0.00	0.00	0.00	0.00	0.00	0.00
495P	**1.00**	0.14	0.02	0.42	0.14	0.01	0.14	0.04	0.02	0.08	0.03	0.01	0.17	1.00	0.06	0.04	0.44	0.12	0.03	0.01	0.02
496G	**1.00**	0.62	0.02	0.09	0.04	0.01	1.00	0.02	0.01	0.04	0.02	0.01	0.37	0.05	0.03	0.03	0.11	0.05	0.03	0.00	0.01
497V	**1.00**	0.01	0.00	0.00	0.00	0.01	0.00	0.00	0.31	0.00	0.05	0.01	0.00	0.00	0.00	0.00	0.00	0.01	1.00	0.00	0.00
498G	**1.00**	0.28	0.13	0.98	0.35	0.05	0.78	0.18	0.05	0.33	0.08	0.03	1.00	0.16	0.22	0.18	0.69	0.26	0.07	0.02	0.10
499Q	**1.00**	0.14	0.02	0.21	0.27	0.05	0.15	0.84	0.05	0.43	0.10	0.03	0.21	0.09	1.00	0.34	0.15	0.12	0.07	0.02	0.08
500C	**1.00**	0.00	1.00	0.00	0.00	0.00	0.00	0.00	0.00	0.00	0.00	0.00	0.00	0.00	0.00	0.00	0.00	0.00	0.00	0.00	0.00

Figura 10 Pontuações SIFT para a posição 476-500

491			490							
T -> W	T -> F	T -> M	M -> F	M -> E	M -> D	E -> T	E -> F	E -> S	E -> P	E -> Y
Nonpolar	Nonpolar	Nonpolar	Nonpolar	Acidic	Acidic	Uncharged Polar	Nonpolar	Uncharged Polar	Nonpolar	Uncharged Polar
No	Yes	Yes	Yes	Yes	Yes	Yes	No	Yes	Yes	No
0.03	0.07	0.12	0.06	1.00	0.52	0.06	0.03	0.06	0.05	0.02
Decrease	Decrease	Decrease	Decrease	Increase	Increase	Decrease	Decrease	Increase	Increase	Increase
2	2	1	3	2	0	4	0	0	4	1
0.13	0.62	0.34	0.12	-0.32	0.23	0.26	0.80	-0.47	-0.27	-0.31

495	494	493		492						
P -> Q	N ->N	V -> I	V -> L	P -> T	P -> S	P -> A	T -> E	T -> D	T -> R	T -> Y
Uncharged Polar	-	Nonpolar	Nonpolar	Uncharged Polar	Uncharged Polar	Nonpolar	Acidic	Acidic	Basic	Uncharged Polar
Yes	-	Yes	Yes	Yes	Yes	Yes	Yes	Yes	Yes	Yes
0.06	-	1.00	0.05	0.30	0.10	0.08	0.54	0.37	0.44	0.09
Decrease	-	Decrease	Decrease	Decrease	Decrease	Decrease	Decrease	Decrease	Decrease	Decrease
9	-	7	6	8	6	8	5	3	1	1
-2.05	-	-0.10	-0.39	-1.50	-1.43	-1.72	0.08	0.26	0.17	0.91

496										
G -> N	G -> S	G -> D	P -> S	P -> D	P -> N	P -> G	P -> A	P -> E	P -> T	P -> K
Uncharged Polar	Uncharged Polar	Acidic	Uncharged Polar	Acidic	Uncharged Polar	Nonpolar	Nonpolar	Acidic	Uncharged Polar	Basic
Yes	Yes	Yes	Yes	Yes	Yes	Yes	Yes	Yes	Yes	Yes
0.37	0.11	0.09	0.44	0.42	0.17	0.14	0.14	0.14	0.12	0.08
Decrease	Decrease	Decrease	Decrease	Decrease	Decrease	Decrease	Decrease	Decrease	Decrease	Decrease
7	7	7	8	8	8	9	8	4	8	7
-0.13	-0.54	-0.16	-1.65	-1.36	-1.89	-2.45	-1.80	-1.00	-1.43	-1.25

	G-> A	Nonpolar	Yes	0.62	Decrease	5	0.19

A estabilidade, a propriedade prejudicial e o fator de tolerância podem ser vistos na tabela. A mutação baseou-se num valor limite específico, que abrange todos os resultados previstos pelos servidores, tendo sido selecionados os mutantes mais adequados.

4.6 Construção de péptidos e minimização de energia

Os péptidos foram construídos utilizando o ArgusLab 4.0. A geometria foi optimizada utilizando o método steepest descent e os ciclos geométricos máximos foram fixados em 5,00,000 para cada péptido.

Tabela 7 Energia após a otimização da geometria

Peptide	Energy (kcal/mol)
Wildtype (EMTPVNPG)	83.01663320
E489L (**L**MTPVNPG)	82.00735975
M490E (E**E**TPVNPG)	80.30118006
T491E (EM**E**PVNPG)	82.76938536
P492T (EMT**T**VNPG)	66.16466174
V493I (EMTP**I**NPG)	85.28115419
P495S (EMTPVN**S**G)	71.43329881
G496A (EMTPVNP**A**)	86.98594667
All Mutated (LEETINSA)	59.00520670
EKTOVNOG	26.17560789

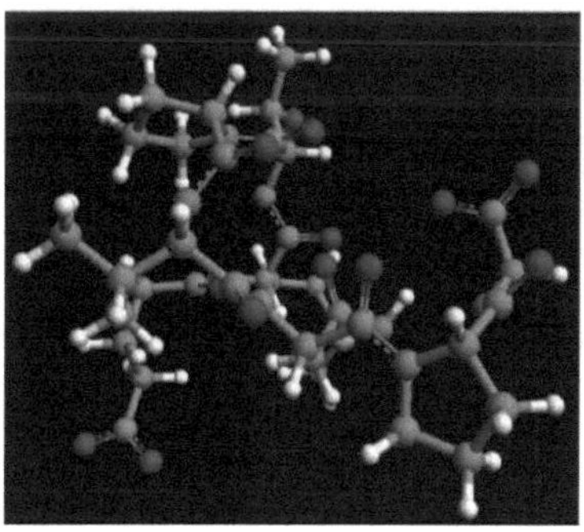

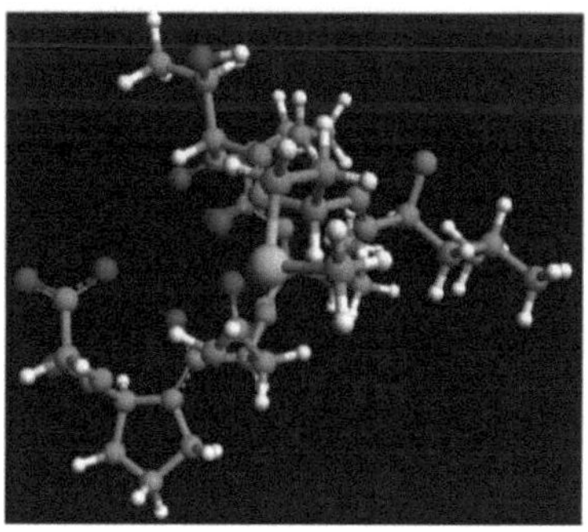

Figura 11.1 Tipo selvagem

Figura 11.2 E489L

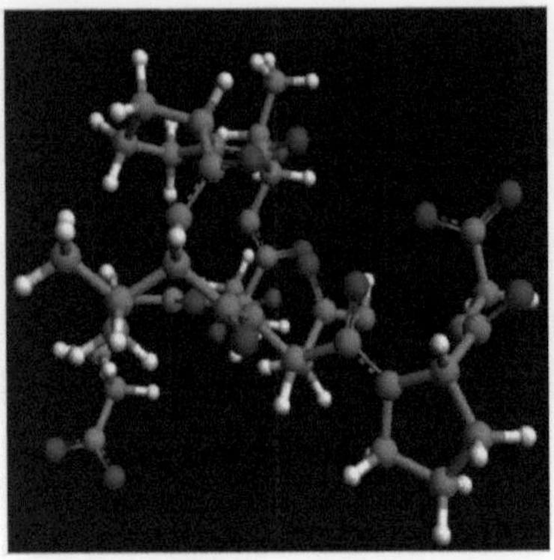

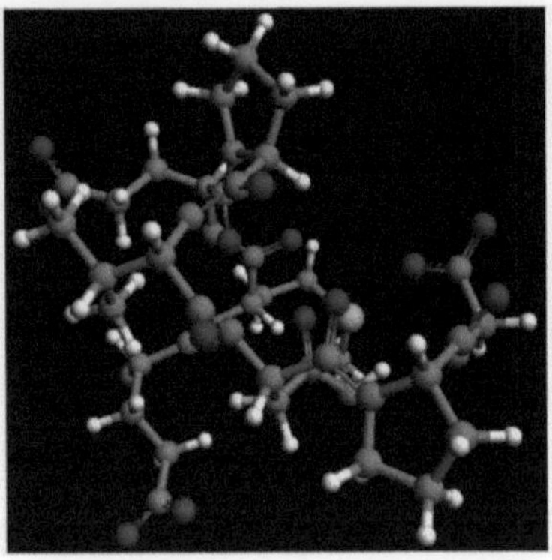

Figura 11.3 M49OE

Figura 11.4 T491E

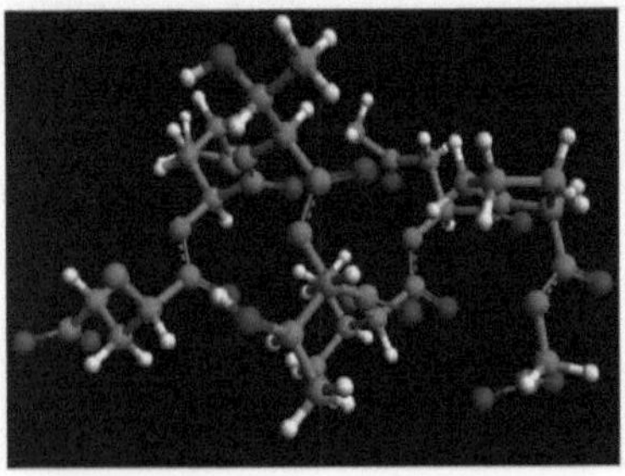

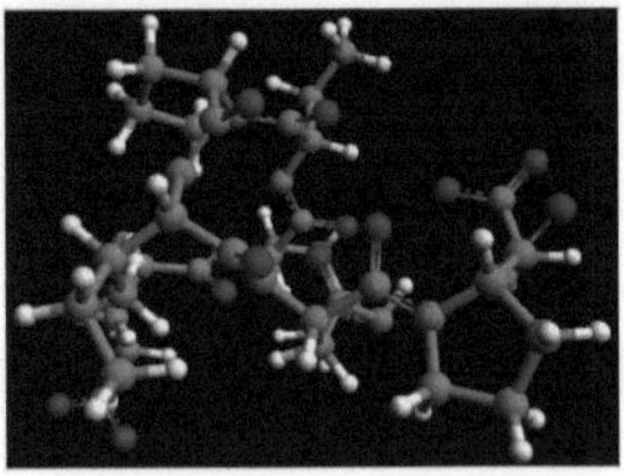

Figura 11.5 P492T

Figura 11.6 V493I

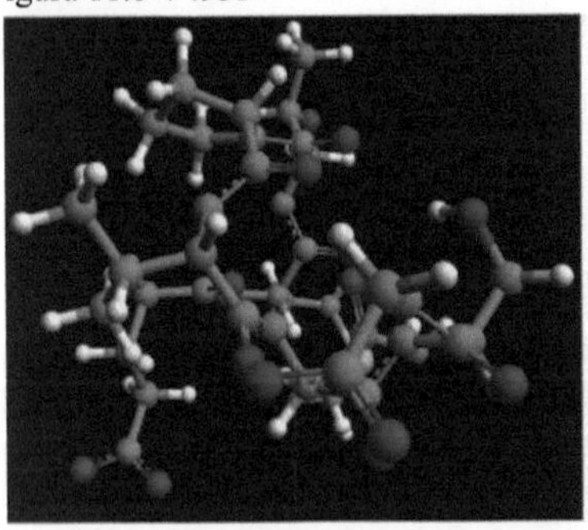

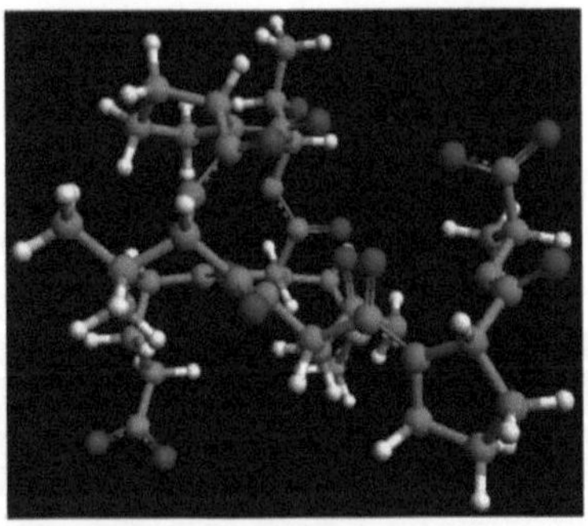

Figura 11.7 P495S

Figura 11.8 G496A

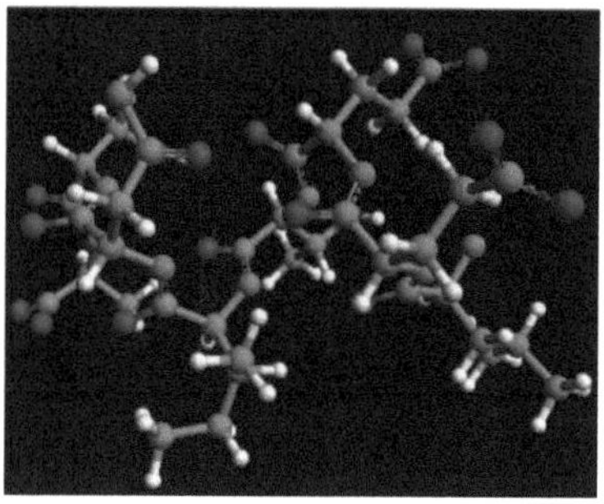

Figura 11.9AH Mutação

4.6 Modificação estrutural do péptido estudada invitro

O péptido de tipo selvagem construído foi modificado através da adição de um grupo hidroxilo na posição 492 e acoplado à HSP70 para conhecer a sua afinidade de ligação. Basicamente, foi efectuada uma análise comparativa entre o estudo invitro e o estudo in silico para colocar a hipótese de os péptidos mutados terem uma maior utilização terapêutica do que a análise invitro.

Figura 12 EKTOVNOGN

4.7 Resultados de docagem utilizando Hex 8.0.0

Os péptidos foram acoplados à Hsp70 utilizando Hex. Após a sua otimização, os péptidos foram acoplados à Hsp70 para estudar a afinidade de ligação e as suas posições conformacionais.

Quadro 8 Parâmetros utilizados para a acoplagem utilizando o Hex 8.0

Correlation Type	Shape Only
FFT Mode	3D
Sampling Method	Range Angles
Grid Dimension	0.6
Receptor Range	180
Ligand Range	180
Twist Angle	360
Distance Range	40
Translation Step	0.8
Score Threshold	0.0
Solutions	2000
Step Size	7.5
Box Size	10

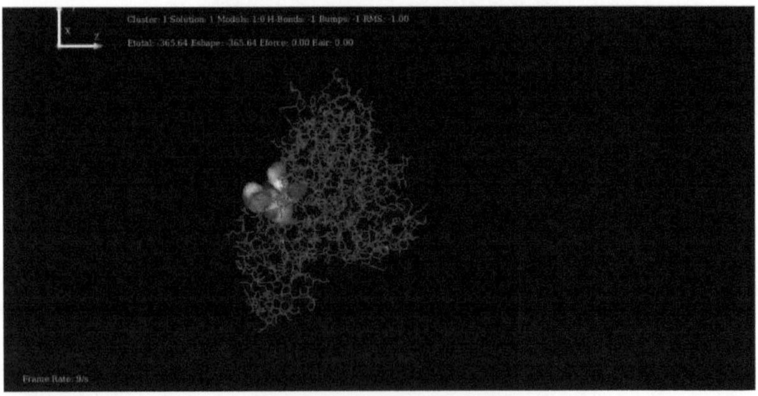

Figura 13.1 Tipo selvagem com Hsp70

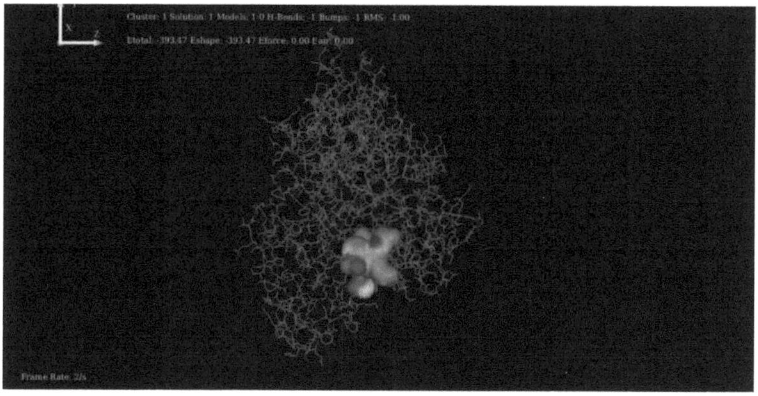

Figura 13.2 E489L com Hsp70

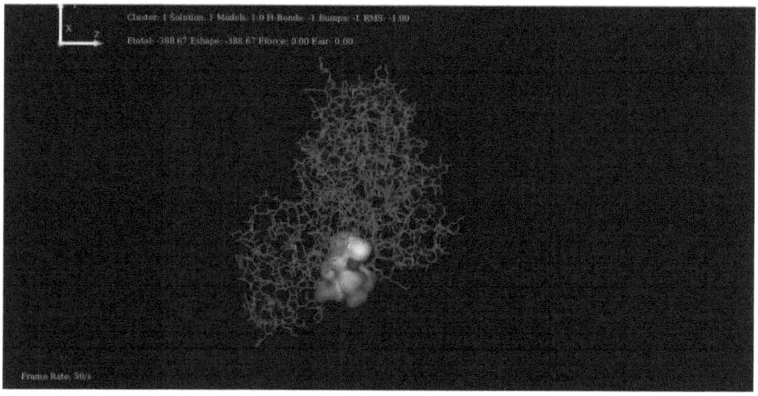

Figura 13.3 M490E com Hsp70

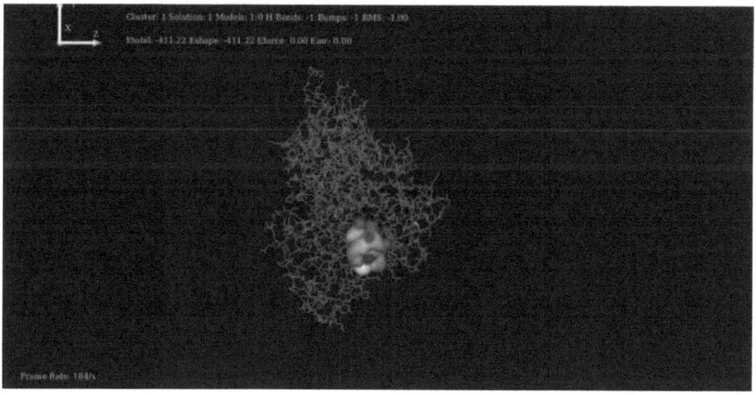

Figura 13.4 T491E com Hsp70

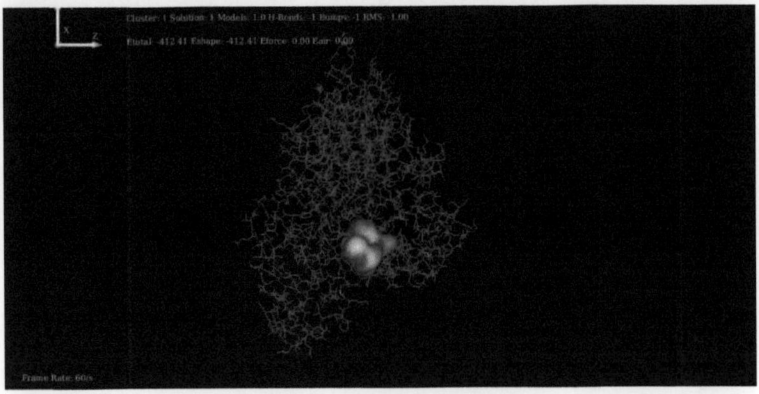

Figura 13.5 P492T com Hsp70

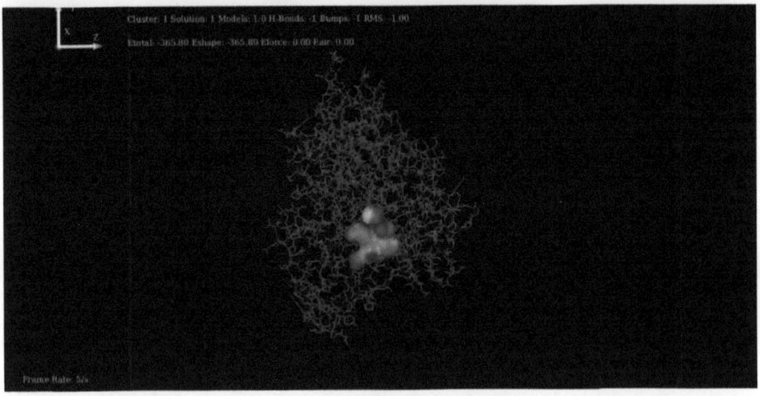

Figura 13.6 V4931 com Hsp70

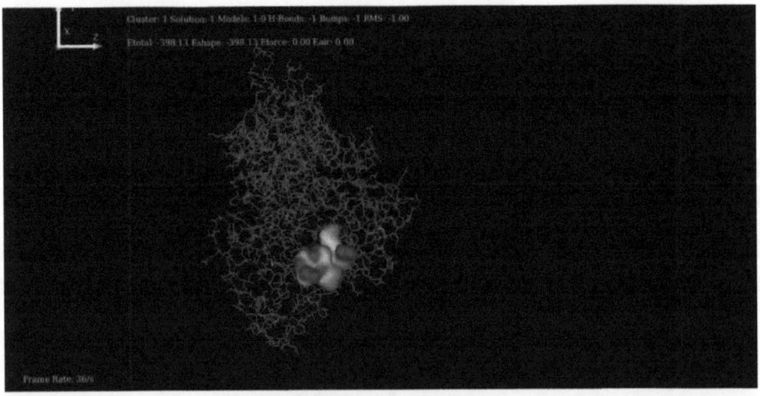

Figura 13.7 P495S com Hsp70

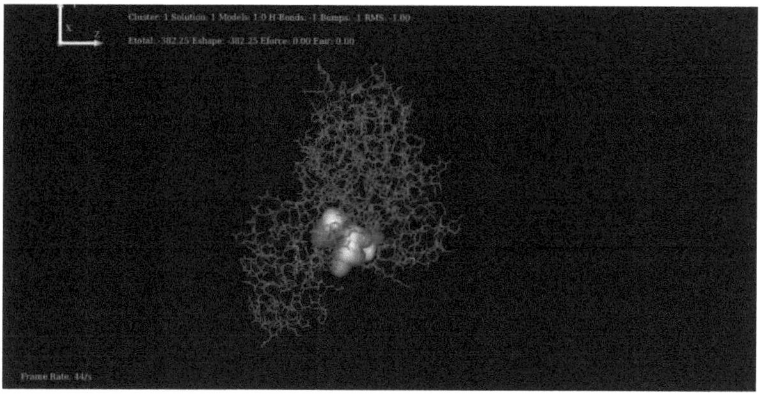

Figura 13.8 G496A com Hsp70

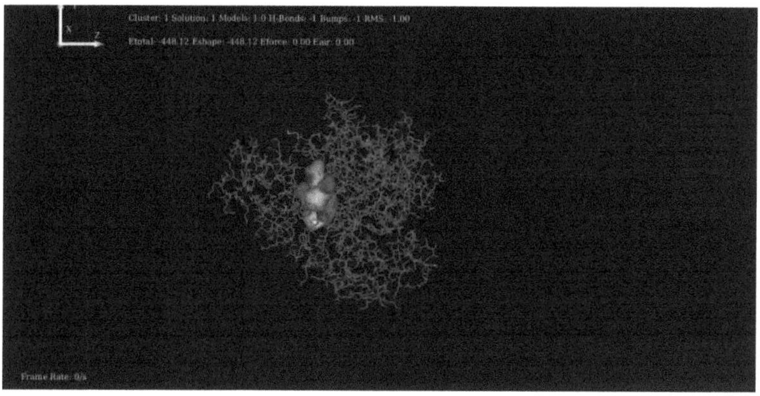

Figura 13.9AΠ mutado com Hsp70

Tabela 9 Comparação da energia de ligação de diferentes complexos acoplados

Peptide	Energy
Wild Type	-365.64
All mutated	-448.12
E489L	-393.47

G496A	-382.25
M490E	-388.67
P492T	-412.41
P495S	-398.13
T491E	-411.22
V493I	-365.80
EKTOVNOGN	-417.73

O peptídeo P492T e todos os peptídeos mutados apresentaram menor energia quando acoplados à HSP70 e têm maior afinidade em relação à HSP70. A melhor afinidade de ligação é mostrada por All Mutated e é superior a EKTOVNOGN e wildtype.

4.9 Simulações de péptidos GROMACS

4.9.1 Dinâmica das proteínas

A dinâmica da proteína, definida como qualquer alteração dependente do tempo nas posições atómicas, constitui flutuações de equilíbrio e de não-equilíbrio. Inclui o efeito cumulativo das forças sobre, e exercidas por, todos os átomos que constituem a proteína e a sua envolvente. Caracteriza-se não só pela escala de tempo das flutuações (uma componente cinética), mas também pela amplitude e direccionalidade flutuações (uma componente estrutural). As alterações na conformação da proteína podem ser subtis (reflectindo vibrações moleculares, movimentos das cadeias laterais) ou dramáticas (grandes segmentos da estrutura da proteína deslocam-se vários nanómetros) a nível local ou global. Exemplos de alterações conformacionais importantes na função molecular incluem flutuações atómicas locais para deslocações de corpos rígidos, oscilações de cadeias laterais que desempenham um papel na entrada e saída de ligandos na mioglobina, transições alostéricas na hemoglobina, a transição desordem-ordem na passagem do tripsinogénio inativo para a enzima ativa tripsina. Consequentemente, é necessário um conhecimento abrangente da relação entre a sequência, a estrutura e a dinâmica associada para compreender a função molecular das proteínas e para conceber proteínas com novas funções. As proteínas não só apresentam alterações nas posições atómicas locais, como também apresentam um grande espaço conformacional numa vasta gama de escalas de tempo. Espera-se que as flutuações de energia conformacional e com carácter local a global sejam importantes; estas flutuações podem ser de escala temporal lenta ou de escala temporal rápida. Os processos de escala temporal lenta são geralmente flutuações que envolvem transições entre estados cineticamente distintos, separados por barreiras de alta energia. Estes processos são normalmente movimentos colectivos de grande amplitude entre um número relativamente pequeno de estados numa escala temporal de microssegundos a milissegundos. As transições entre estados distintos são raras devido à baixa probabilidade das conformações que permitem as transições. Estes tipos de processos incluem a catálise enzimática, a transdução de sinais, as interações proteína-proteína, a dobragem e desdobragem de proteínas e os processos de montagem.

Os processos de escala de tempo rápida definem flutuações dentro do poço de um estado distinto. Trata-se de flutuações locais, de pequena amplitude, de um grande número de estados separados por barreiras de baixa energia. Alguns exemplos de movimentos nesta categoria incluem flutuações à escala temporal de nanossegundos (como movimentos de laços, flexão de dobradiças e movimentos de subunidades) e flutuações atómicas locais à escala temporal de picossegundos (como flutuações atómicas, rotações de cadeias laterais). A Figura 15.1-15.10 mostra a escala de tempo de diferentes processos dinâmicos e os métodos experimentais que podem detetar estas flutuações em cada escala de tempo. Verifica-se que, atualmente, as simulações MD podem sondar os movimentos de ps a ns.

4.7.2 Simulação MD

A MD, a ciência da simulação do movimento de partículas, pode fornecer os últimos pormenores relativos aos movimentos de partículas individuais em função do tempo. Por conseguinte, constituem uma ferramenta importante para compreender a base física da estrutura e da função das macromoléculas biológicas. Podem ser utilizadas para responder a questões específicas sobre as propriedades de um sistema modelo que são de difícil acesso a nível experimental. As simulações MD partem normalmente de uma estrutura proteica tridimensional determinada por cristalografia de raios X, RMN ou modelos teóricos e utilizam um campo de forças empírico para aproximar a superfície de energia potencial de uma proteína. Uma vez especificado o campo de forças, a evolução temporal do sistema é determinada através da resolução das equações de movimento de Newton, utilizando um esquema de integração adequado para um determinado número de passos num conjunto específico. Nos últimos anos, tem sido possível efetuar eficientemente simulações nas escalas de tempo de muitos processos fisiologicamente relevantes, o que alargou o conjunto de problemas aos quais a MD é aplicável

$$RMSD = \left(\frac{\sum_{N} (R_i - R_i^0)^2}{N} \right)^{1/2}$$

4.9.3 Desvio médio quadrático (RMSD)

O desvio de uma estrutura em relação a uma determinada conformação é medido pelo RMSD. O RMSD é definido como: a medida da distância média entre os átomos (normalmente os átomos da espinha dorsal) de proteínas sobrepostas.

em que N é o número total de átomos/resíduos considerados no cálculo e Ri a posição vetorial da partícula i na imagem instantânea ou na conformação de referência (com o sobrescrito 0), calculada após o alinhamento da estrutura com a conformação de referência utilizando o ajuste por mínimos quadrados.

O RMSD foi calculado com base nos átomos C_a e tomando o primeiro quadro da simulação como referência para o péptido de tipo selvagem que foi concebido utilizando o Argus Lab de acordo com a revisão da literatura. Os RMSD foram também calculados com base na espinha dorsal e a nível de todos os átomos. No estudo da estrutura da proteína alfa-feto e da variação do octapeptídeo na nossa análise das conformações proteicas, mede-se a semelhança na estrutura tridimensional pelo RMSD das coordenadas atómicas Ca para os peptídeos e proteínas modelados.

Os estudos de dinâmica molecular dos péptidos foram realizados em ambiente solvente para garantir a realização de testes adequados. Para caraterizar a variação estrutural durante o curso da simulação, foi calculado o RMSD de toda a proteína para todas as simulações.

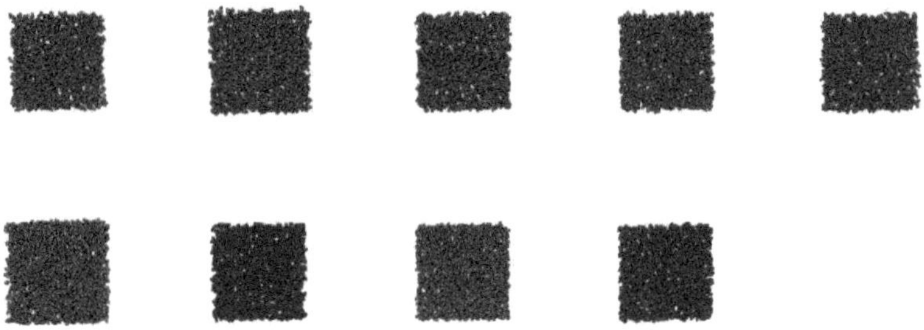

Figura 14 Massas de água GROMACS com péptidos

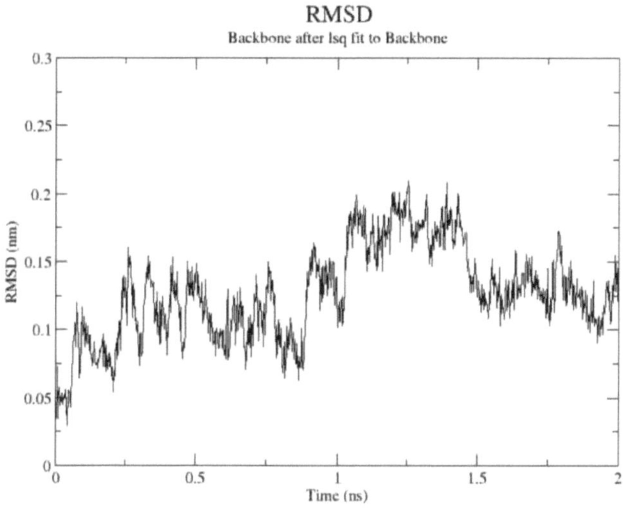

Figura 15.1 Gráfico RMSD de um péptido do tipo wiid

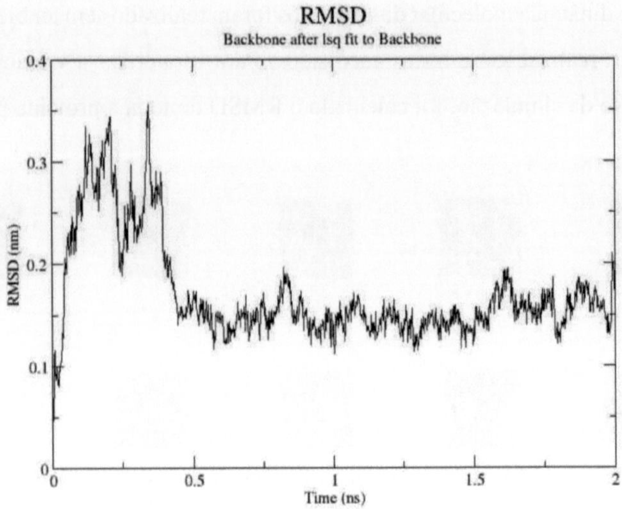

Figura 15.2 Gráfico RMSD deE489L

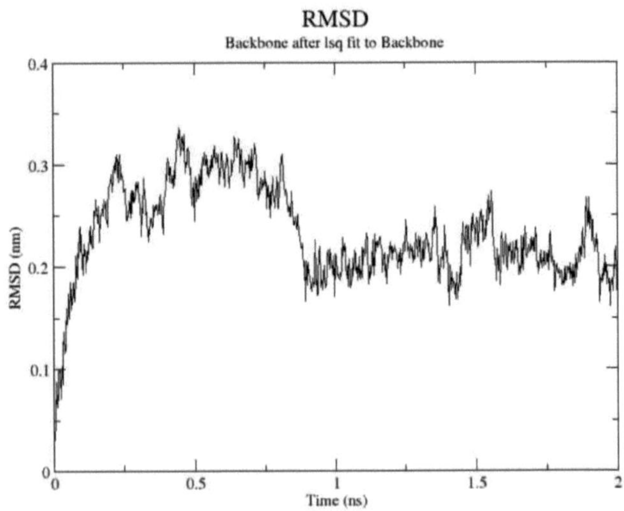

Figura 15.3 RMSD piotofM490E

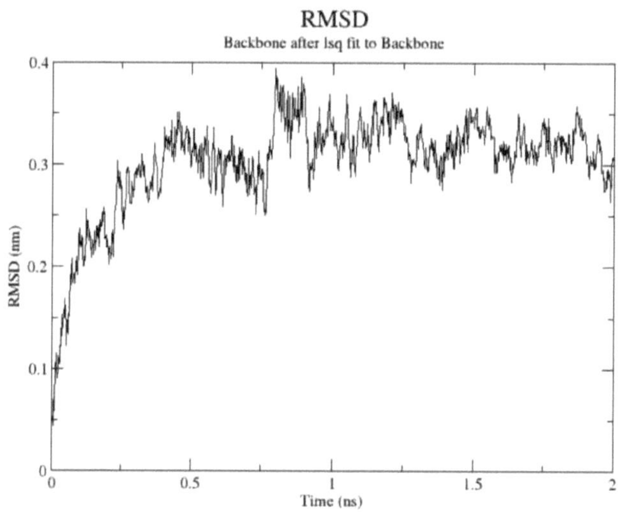

Figura 15.4 Gráfico RMSD deT491E

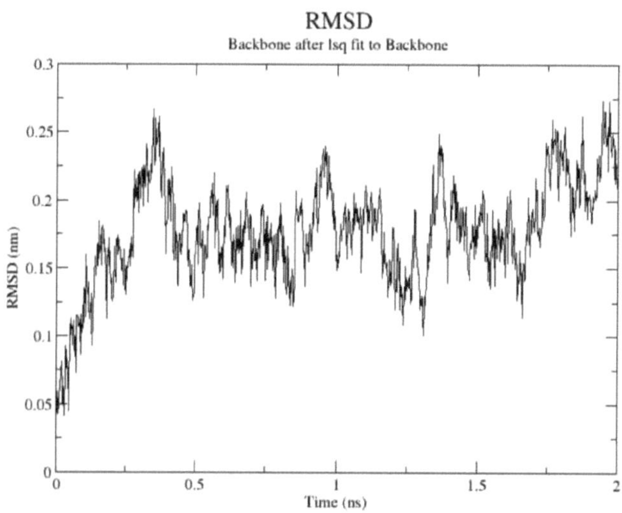

Figura 15.5 Gráfico RMSD O/P492T

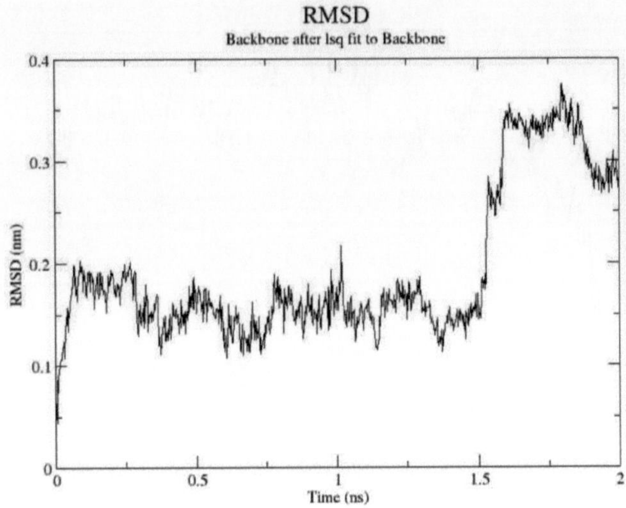

Figura 15.6 Gráfico RMSD deV493I

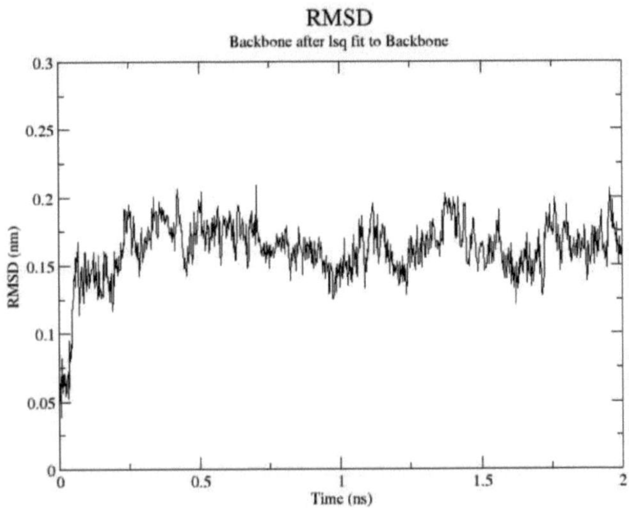

Figura 15.7 Gráfico RMSD deP495S

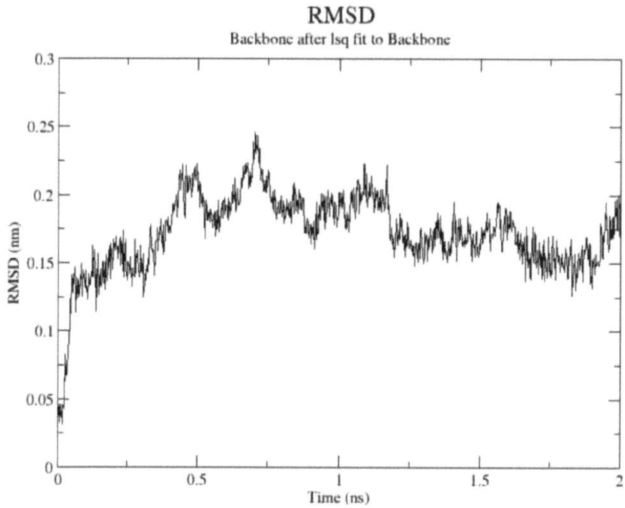

Figura 15.8 Gráfico RMSD do G496A

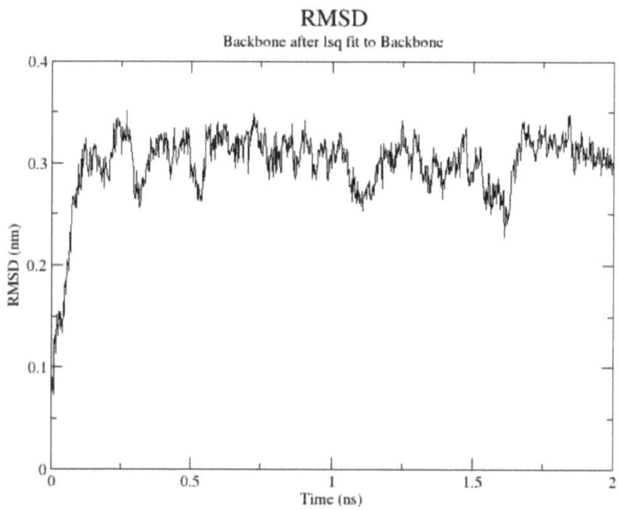

Figura 15.9 Gráfico RMSD deAU Mutado

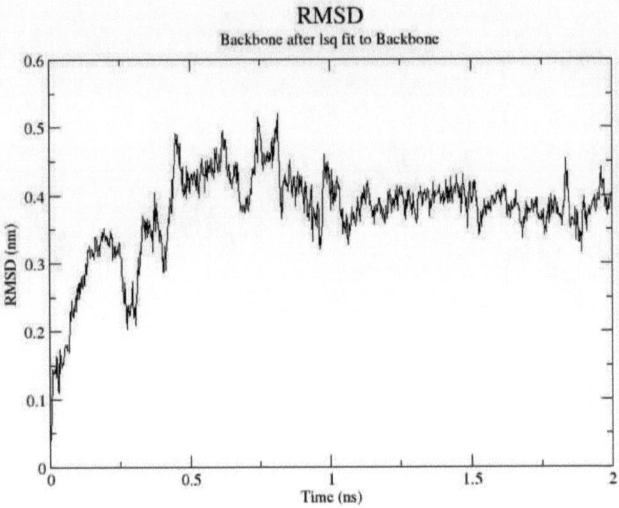

Figura 15.10 Gráfico RMSD de EKTOVNOGN

Tabela 10 Valores RMSD dos péptidos

Peptide	RMSD (Å)
Wildtype	1.80
E489L	2.14
M490E	16.83
T491E	3.21
P492T	2.15
V493I	3.02
P495S	1.92
G496A	1.99
All Mutated	11.60
EKTOVNOGN	1.54

4.8 Acoplamento após a simulação

Depois de estudar a dinâmica de todas as estruturas peptídicas, estas foram novamente acopladas à Hsp70 e a sua posição de ligação, bem como a sua afinidade, foram estudadas utilizando o ClusPro. Utilizámos o servidor Cluspro para acoplar as proteínas em interação e prever o complexo proteico. O Cluspro é o primeiro programa totalmente automatizado baseado na Web para a ligação de proteínas e foi um dos melhores desempenhos nas rondas 1-12 do CAPRI (Critical Assessment of Predicted Interactions), a experiência comunitária dedicada à ligação de proteínas. O servidor Cluspro baseia-se numa abordagem de correlação por transformada rápida de Fourier, que permite gerar e avaliar milhares de milhões de conformações acopladas através de funções de pontuação simples. Trata-se de uma implementação de um protocolo em várias fases: acoplamento de corpos rígidos, filtragem baseada na energia, classificação das estruturas retidas com base nas propriedades de agrupamento e, finalmente, o refinamento de um número limitado de estruturas através da minimização da energia. O servidor (http://cluspro.bu.edu/ webcite) devolve os melhores modelos com base na energia e no tamanho do agrupamento. Seleccionamos um dos modelos devolvidos depois de considerarmos a energia e o tamanho do agrupamento - preferindo energias mais baixas e tamanhos de agrupamento maiores. Como o servidor Cluspro implementa a acoplagem de corpo rígido, quando uma proteína parceira num complexo é estruturalmente flexível, o Cluspro não é capaz de ter em conta esta flexibilidade. É utilizado um método de acoplamento de proteínas de corpo rígido (Cluspro) para prever os complexos de interação proteína-proteína. Os locais de ligação dos complexos acoplados são caracterizados pelas suas áreas de superfície enterradas nos complexos acoplados, como uma medida da força de uma interação, como se mostra na Tabela 11.

As ligações H foram estudadas em que as restrições foram relaxadas em 4 angstroms e 20 graus. Os dados obtidos para as ligações H utilizando Chimera (Pettersen et al., 2004) são apresentados por baixo de cada figura.

Quadro 11 Resultados do ClusPro

Peptide	Score	
	Centre	**Lowest Energy**
Wildtype	-468.5	-563.7
E489L	-456.7	-498.2
M490E	-424.4	-451.0
T491E	-432.5	-529.5
P492T	-392.1	-484.4
V493I	-431.2	-507.6
P495S	-440.6	-520.0
G496A	-385.6	-478.7
All Mutated	-439.0	-486.8

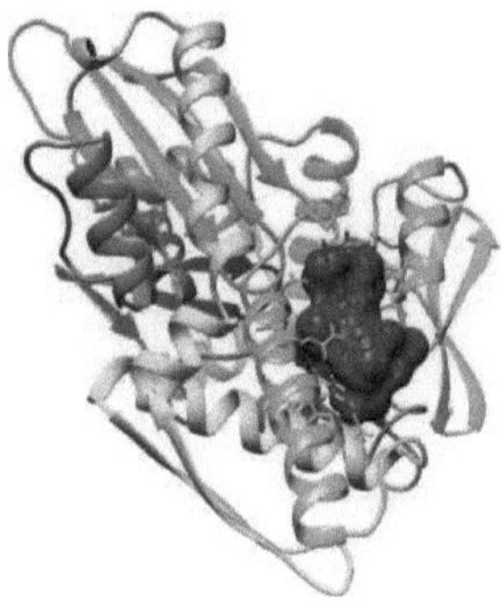

Figura 16.1 Estrutura de ancoragem do tipo selvagem com Hsp70

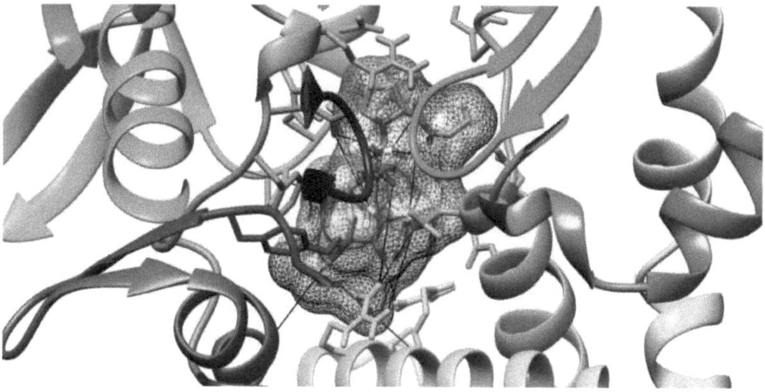

Figura 16.2 Ligações H [wiidtype] visualizadas no Chimera

H-bonds (donor, acceptor, hydrogen, D...A dist, D-H...A dist):

#0 MET 3 N	#0 VAL 60.A O	#0 MET 3 H	6.717	5.956
#0 THR 4 N	#0 ASP 70.A OD2	#0 THR 4 H	6.814	6.072
#0 THR 4 N	#0 HIS 90.A O	#0 THR 4 H	5.803	4.985
#0 THR 4 OG1	#0 GLY 205.A O	#0 THR 4 HG1	6.462	5.969
#0 ASN 7 ND2	#0 ASP 70.A OD1	#0 ASN 7 HD21	3.710	2.913
#0 ASN 7 ND2	#0 ASP 70.A OD2	#0 ASN 7 HD21	2.902	1.952
#0 ASN 7 ND2	#0 GLY 205.A O	#0 ASN 7 HD22	6.181	5.263
#0 ASN 7 ND2	#0 GLY 206.A O	#0 ASN 7 HD22	6.631	5.714
#0 PHE 93.A N	#0 VAL 6 O	#0 PHE 93.A H	6.570	5.884
#0 ARG 264.A NH1	#0 GLU 2 OE2	#0 ARG 264.A HH12	2.755	1.824
#0 ARG 264.A NH1	#0 MET 3 O	#0 ARG 264.A HH11	2.631	1.886
#0 ARG 264.A NH1	#0 THR 4 OG1	#0 ARG 264.A HH11	5.053	4.067
#0 ARG 264.A NH1	#0 ASN 7 OD1	#0 ARG 264.A HH11	6.948	6.096
#0 ARG 264.A NH2	#0 THR 4 OG1	#0 ARG 264.A HH21	6.121	5.412
#0 ARG 267.A N	#0 GLU 2 OE1	#0 ARG 267.A H	5.888	5.054
#0 ARG 267.A NH1	#0 GLU 2 OE1	#0 ARG 267.A HH11	2.636	1.821
#0 ARG 267.A NH1	#0 MET 3 O	#0 ARG 267.A HH12	3.939	3.278

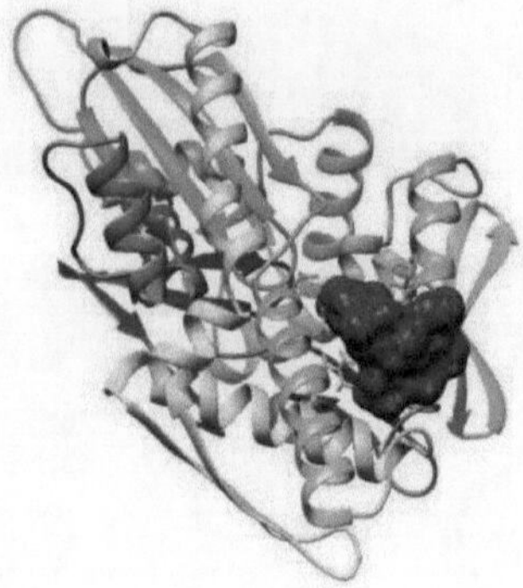

Figura 16.3 Estrutura de acoplamento deE489L com Hsp70

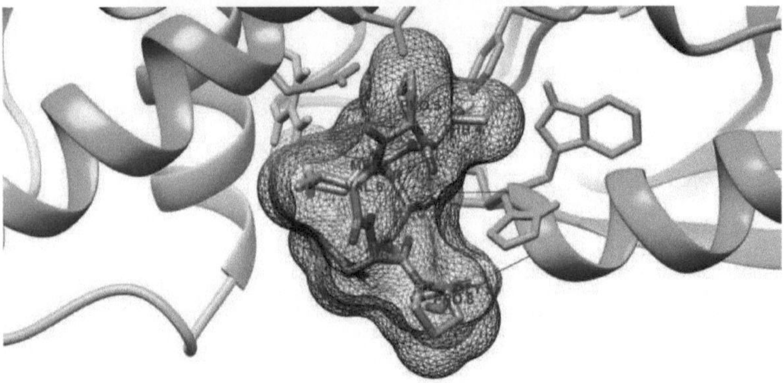

Figura 16.4 Ligações H (E489LJ como visualizado em Chimera

H-bonds (donor, acceptor, hydrogen, D...A dist, D-H...A dist):

LEU 2 N	HIS 90.A O	LEU 2 H	2.904	1.998
THR 4 OG1	ASP 70.A OD2	THR 4 HG1	5.214	4.366
VAL 6 N	HIS 90.A O	VAL 6 H	6.749	5.786
ASN 7 N	HIS 90.A O	ASN 7 H	6.568	5.908
ASN 7 ND2	LYS 89.A O	ASN 7 HD21	7.292	6.487
GLY 9 N	ASP 87.A O	GLY 9 H	7.088	6.193
GLY 9 N	MET 88.A O	GLY 9 H	5.575	4.744
GLY 9 N	LYS 89.A O	GLY 9 H	2.895	1.933
LYS 260.A NZ	LEU 2 O	LYS 260.A HZ3	7.028	6.189
ARG 267.A NH1	ASN 7 OD1	ARG 267.A HH11	5.930	5.212
ARG 267.A NH2	ASN 7 OD1	ARG 267.A HH21	5.048	4.128

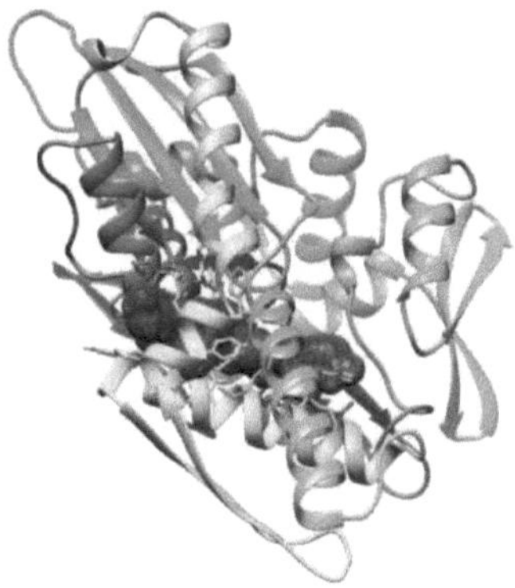

Figura 16.5 Estrutura acoplada O/M490E com Hsp70

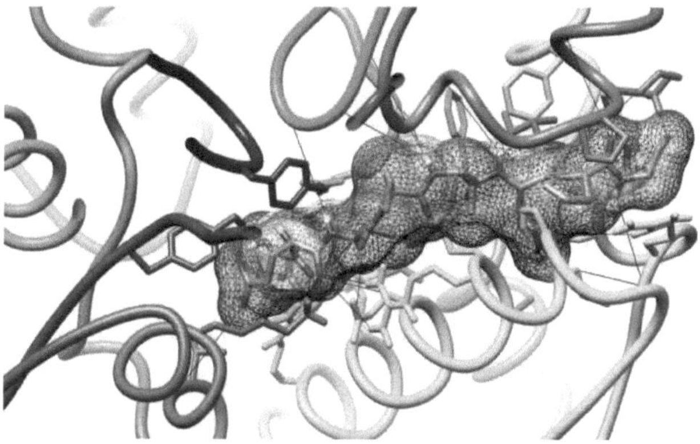

Figura 16.6 Ligações H [M490E] visualizadas no Chimera

H-bonds (donor, acceptor, hydrogen, D...A dist, D-H...A dist):

#0 THR 4 N	#0 GLY 205.A O	#0 THR 4 H	5.772	4.823
#0 THR 4 OG1	#0 ASP 237.A OD2	#0 THR 4 HG1	2.901	1.984
#0 THR 4 OG1	#0 ARG 267.A O	#0 THR 4 HG1	5.525	4.572
#0 VAL 6 N	#0 LEU 203.A O	#0 VAL 6 H	6.679	5.702
#0 VAL 6 N	#0 GLY 204.A O	#0 VAL 6 H	5.359	4.437
#0 VAL 6 N	#0 SER 343.A OG	#0 VAL 6 H	3.074	2.074
#0 ASN 7 N	#0 SER 343.A O	#0 ASN 7 H	5.407	4.709
#0 ASN 7 ND2	#0 PHE 236.A O	#0 ASN 7 HD21	6.437	5.625
#0 ASN 7 ND2	#0 THR 301.A O	#0 ASN 7 HD22	5.507	4.989
#0 GLY 9 N	#0 THR 301.A O	#0 GLY 9 H	5.990	5.115
#0 LYS 57.A NZ	#0 GLU 2 O	#0 LYS 57.A HZ2	4.903	3.905

#0 LYS 57.A NZ	#0 GLU 3 O	#0 LYS 57.A HZ2	2.682	1.759
#0 LYS 57.A NZ	#0 THR 4 OG1	#0 LYS 57.A HZ2	6.150	5.257
#0 VAL 60.A N	#0 GLU 3 OE1	#0 VAL 60.A H	5.821	5.161
#0 ARG 264.A NH1	#0 GLU 2 O	#0 ARG 264.A HH12	2.690	1.962
#0 ARG 264.A NH1	#0 GLU 2 OE2	#0 ARG 264.A HH11	2.647	1.885
#0 ARG 264.A NH1	#0 GLU 3 O	#0 ARG 264.A HH12	5.189	4.457
#0 ARG 264.A NH1	#0 THR 4 OG1	#0 ARG 264.A HH12	5.440	4.456
#0 ARG 264.A NH2	#0 GLU 2 O	#0 ARG 264.A HH21	2.643	1.867
#0 ARG 264.A NH2	#0 GLU 3 O	#0 ARG 264.A HH21	4.127	3.177
#0 ARG 264.A NH2	#0 GLU 3 OE1	#0 ARG 264.A HH22	2.686	1.911
#0 ARG 264.A NH2	#0 THR 4 OG1	#0 ARG 264.A HH21	5.823	4.899
#0 ARG 267.A NH1	#0 GLU 2 O	#0 ARG 267.A HH12	6.656	5.717
#0 ARG 267.A NH1	#0 GLU 2 OE2	#0 ARG 267.A HH12	2.794	1.793
#0 GLU 271.A N	#0 GLU 2 O	#0 GLU 271.A H	6.797	6.149
#0 LYS 274.A NZ	#0 PRO 5 O	#0 LYS 274.A HZ2	2.726	1.693
#0 LYS 274.A NZ	#0 VAL 6 O	#0 LYS 274.A HZ3	2.415	1.713
#0 ARG 275.A NH1	#0 GLU 3 O	#0 ARG 275.A HH11	4.982	3.978
#0 ARG 275.A NH2	#0 GLU 3 O	#0 ARG 275.A HH21	5.806	4.976
#0 SER 278.A OG	#0 ASN 7 OD1	#0 SER 278.A HG	4.341	3.820
#0 ARG 302.A NE	#0 ASN 7 OD1	#0 ARG 302.A HE	6.827	5.863
#0 ASN 309.A ND2	#0 ASN 7 O	#0 ASN 309.A HD21	5.327	4.729
#0 LYS 348.A N	#0 PRO 8 O	#0 LYS 348.A H	2.884	2.081
#0 LYS 348.A NZ	#0 ASN 7 O	#0 LYS 348.A HZ3	6.877	6.195
#0 LYS 348.A NZ	#0 GLY 9 O	#0 LYS 348.A HZ2	2.842	1.841
#0 GLN 350.A N	#0 PRO 8 O	#0 GLN 350.A H	6.886	6.151

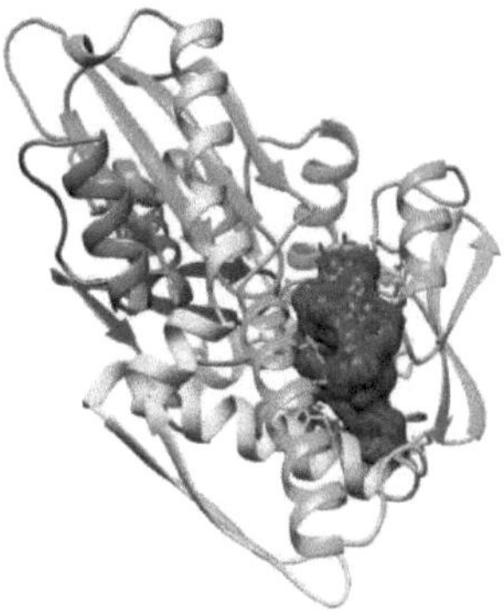

Figura 16.7 Estrutura acoplada O/T491E com Hsp70

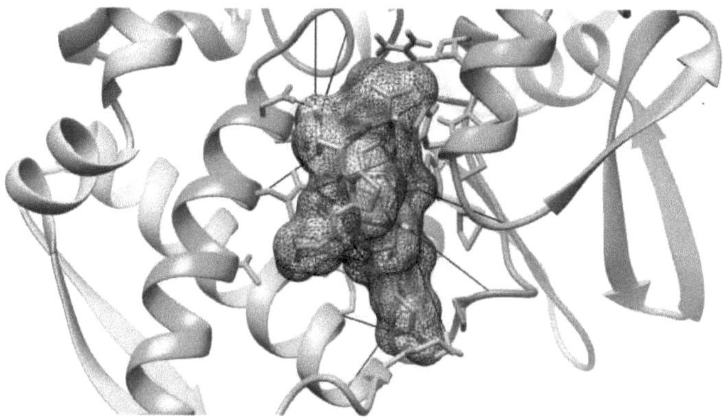

Figura 16.8 Ligações H [T491E] visualizadas no Chimera

H-bonds (donor, acceptor, hydrogen, D..A dist, D-H..A dist):

#0 GLU 2 N	#0 ARG 261.A O	#0 GLU 2 H	6.539	5.924
#0 MET 3 N	#0 LYS 57.A O	#0 MET 3 H	6.899	6.125
#0 GLU 4 N	#0 PRO 64.A O	#0 GLU 4 H	7.112	6.156
#0 VAL 6 N	#0 ASP 70.A OD2	#0 VAL 6 H	4.310	3.377
#0 ASN 7 N	#0 ASP 70.A OD2	#0 ASN 7 H	6.747	5.972
#0 ASN 7 ND2	#0 GLY 205.A O	#0 ASN 7 HD22	5.125	4.175
#0 ASN 7 ND2	#0 GLY 206.A O	#0 ASN 7 HD22	5.745	5.176
#0 ASN 7 ND2	#0 HIS 230.A O	#0 ASN 7 HD21	5.332	4.377
#0 ASN 7 ND2	#0 ASP 235.A OD1	#0 ASN 7 HD21	2.934	2.077
#0 PHE 93.A N	#0 GLU 4 O	#0 PHE 93.A H	6.725	5.977

#0 ASN 238.A N	#0 ASN 7 OD1	#0 ASN 238.A H	5.467	4.733
#0 ASN 238.A ND2	#0 MET 3 O	#0 ASN 238.A HD22	6.075	5.231
#0 ASN 238.A ND2	#0 PRO 5 O	#0 ASN 238.A HD22	6.448	5.609
#0 ASN 238.A ND2	#0 ASN 7 O	#0 ASN 238.A HD22	2.780	2.006
#0 LYS 260.A NZ	#0 GLU 2 O	#0 LYS 260.A HZ3	6.729	5.701
#0 ARG 264.A N	#0 GLU 2 OE2	#0 ARG 264.A H	4.811	4.120
#0 ARG 264.A NH1	#0 MET 3 O	#0 ARG 264.A HH12	2.997	2.122
#0 ARG 264.A NH1	#0 GLU 4 OE1	#0 ARG 264.A HH12	5.671	4.805
#0 ARG 267.A NE	#0 GLY 9 O	#0 ARG 267.A HE	3.956	3.363
#0 ARG 267.A NH1	#0 MET 3 O	#0 ARG 267.A HH12	2.687	1.992
#0 ARG 267.A NH1	#0 GLU 4 OE1	#0 ARG 267.A HH11	2.680	1.785
#0 ARG 267.A NH2	#0 GLU 4 OE1	#0 ARG 267.A HH21	3.012	2.262
#0 ARG 267.A NH2	#0 GLU 4 OE2	#0 ARG 267.A HH21	2.708	1.804
#0 ARG 267.A NH2	#0 GLY 9 O	#0 ARG 267.A HH22	2.692	1.738

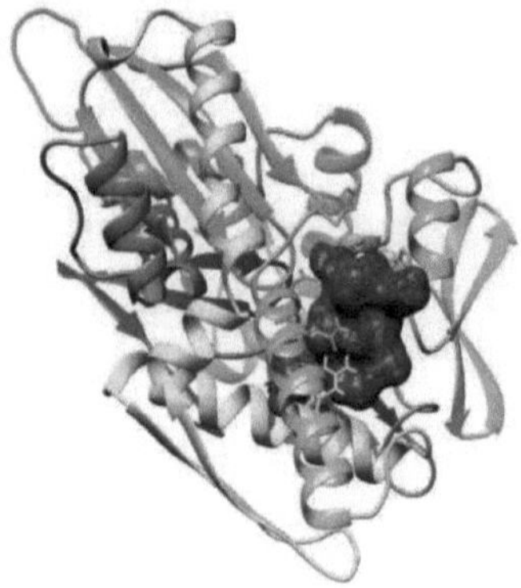

Figura 16.9 Estrutura de acoplamento deP492T com Hsp70

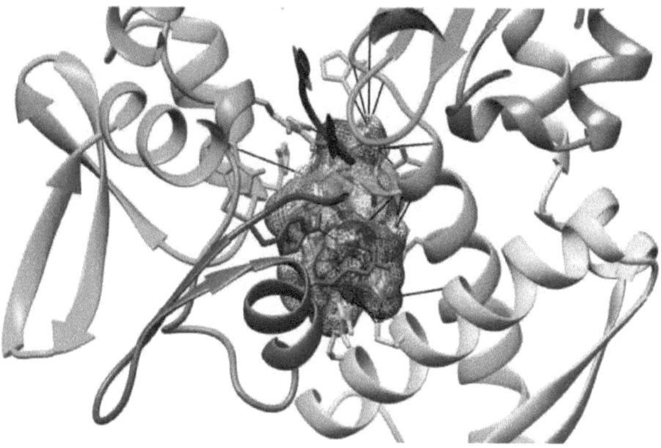

Figura 16.10 Ligações H [P492T] visualizadas no Chimera

H-bonds (donor, acceptor, hydrogen, D..A dist, D-H..A dist):

#0 GLU 2 N	#0 TYR 42.A OH	#0 GLU 2 H	2.831	1.926
#0 MET 3 N	#0 GLU 234.A O	#0 MET 3 H	6.412	5.647
#0 THR 4 N	#0 ASP 237.A OD2	#0 THR 4 H	7.044	6.179
#0 THR 4 OG1	#0 GLY 233.A O	#0 THR 4 HG1	6.076	5.195
#0 THR 4 OG1	#0 GLU 234.A O	#0 THR 4 HG1	2.825	1.873
#0 ASN 7 N	#0 ASP 87.A O	#0 ASN 7 H	6.317	5.388
#0 ASN 7 N	#0 ASP 87.A OD1	#0 ASN 7 H	4.908	4.004
#0 ASN 7 ND2	#0 GLY 206.A O	#0 ASN 7 HD22	4.323	3.684
#0 ASN 7 ND2	#0 ASP 228.A O	#0 ASN 7 HD22	7.178	6.192
#0 ASN 7 ND2	#0 ASP 228.A OD2	#0 ASN 7 HD22	6.077	5.199
#0 ASN 7 ND2	#0 THR 229.A O	#0 ASN 7 HD22	5.275	4.519
#0 ASN 7 ND2	#0 HIS 230.A O	#0 ASN 7 HD22	2.992	2.270
#0 ASN 7 ND2	#0 GLY 232.A O	#0 ASN 7 HD21	6.037	5.429
#0 ASN 7 ND2	#0 ASP 235.A OD1	#0 ASN 7 HD21	2.991	1.993
#0 ASN 7 ND2	#0 ASP 235.A OD2	#0 ASN 7 HD21	2.887	2.163
#0 LYS 57.A NZ	#0 GLU 2 OE2	#0 LYS 57.A HZ2	2.647	1.709
#0 ARG 73.A NH1	#0 ASN 7 OD1	#0 ARG 73.A HH11	2.945	2.132
#0 ARG 73.A NH2	#0 ASN 7 OD1	#0 ARG 73.A HH21	2.746	1.832
#0 ARG 264.A NH1	#0 GLU 2 O	#0 ARG 264.A HH11	2.585	1.860
#0 ARG 264.A NH1	#0 GLU 2 OE2	#0 ARG 264.A HH11	2.688	1.894
#0 ARG 264.A NH2	#0 GLU 2 OE2	#0 ARG 264.A HH21	2.686	1.854
#0 ARG 267.A NE	#0 THR 4 OG1	#0 ARG 267.A HE	2.823	1.878
#0 ARG 267.A NE	#0 VAL 6 O	#0 ARG 267.A HE	6.871	6.004

#0 ARG 267.A NH2	#0 THR 4 O	#0 ARG 267.A HH22	2.659	1.812
#0 ARG 267.A NH2	#0 VAL 6 O	#0 ARG 267.A HH22	6.356	5.445
#0 THR 268.A OG1	#0 GLU 2 O	#0 THR 268.A HG1	6.117	5.394
#0 THR 268.A OG1	#0 GLU 2 OE1	#0 THR 268.A HG1	3.027	2.091
#0 GLU 271.A N	#0 GLU 2 OE1	#0 GLU 271.A H	5.919	5.255
#0 ARG 275.A NH1	#0 GLU 2 OE1	#0 ARG 275.A HH12	6.407	5.691

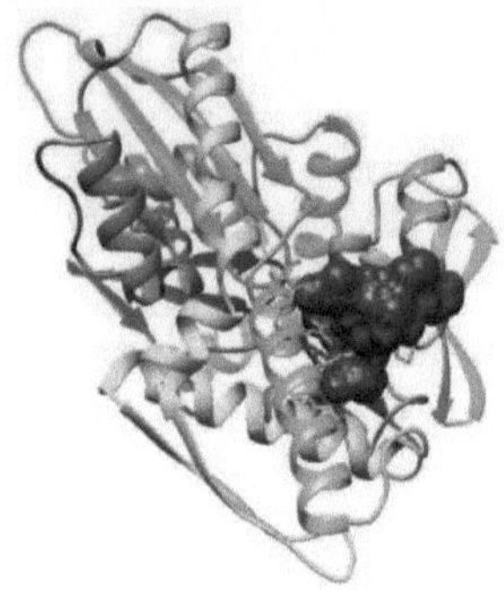

Figura 16.11 Estrutura acoplada O/V493I com Hsp70

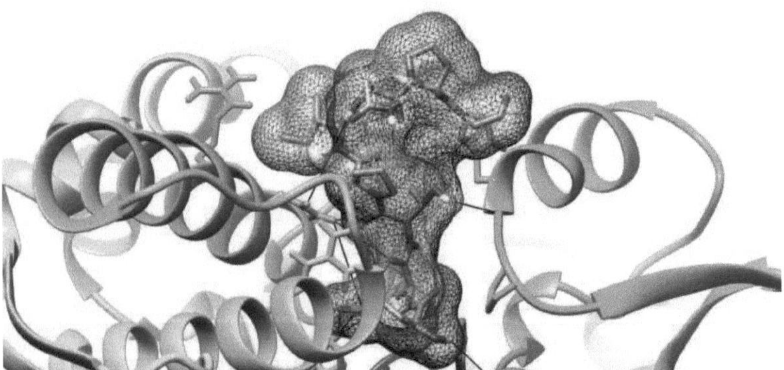

Figura 16.12 Ligações H [V493I] visualizadas no Chimera

H-bonds (donor, acceptor, hydrogen, D...A dist, D-H...A dist):

#0 GLU 2 N	#0 THR 67.A O	#0 GLU 2 H	5.578	4.736
#0 THR 4 N	#0 ASP 70.A OD2	#0 THR 4 H	6.265	5.310
#0 THR 4 OG1	#0 HIS 90.A O	#0 THR 4 HG1	2.823	1.966
#0 ILE 6 N	#0 SER 242.A OG	#0 ILE 6 H	6.365	5.413
#0 ASN 7 N	#0 ASN 238.A OD1	#0 ASN 7 H	6.120	5.317
#0 ASN 238.A ND2	#0 GLU 2 OE2	#0 ASN 238.A HD22	6.991	6.355
#0 ASN 238.A ND2	#0 MET 3 O	#0 ASN 238.A HD22	5.538	4.611
#0 ASN 238.A ND2	#0 THR 4 O	#0 ASN 238.A HD22	2.947	1.975
#0 ARG 264.A NH1	#0 GLU 2 OE1	#0 ARG 264.A HH12	2.873	1.990
#0 ARG 264.A NH1	#0 GLU 2 OE2	#0 ARG 264.A HH12	2.692	1.837
#0 ARG 264.A NH1	#0 MET 3 O	#0 ARG 264.A HH12	5.966	5.207
#0 ARG 267.A NH1	#0 MET 3 O	#0 ARG 267.A HH11	2.644	1.653

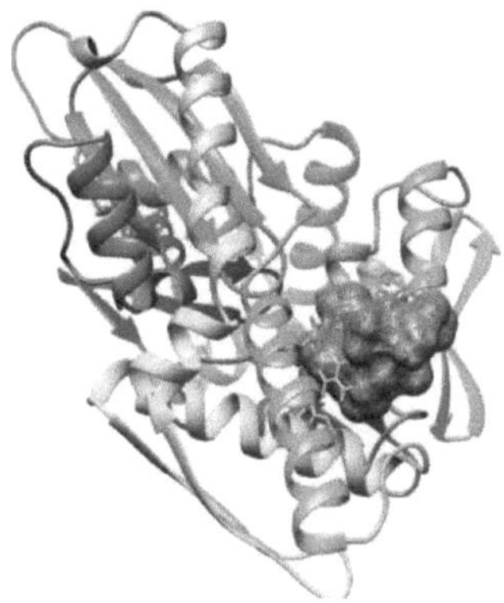

Figura 16.13 Estrutura de encaixe deP495S com Hsp70

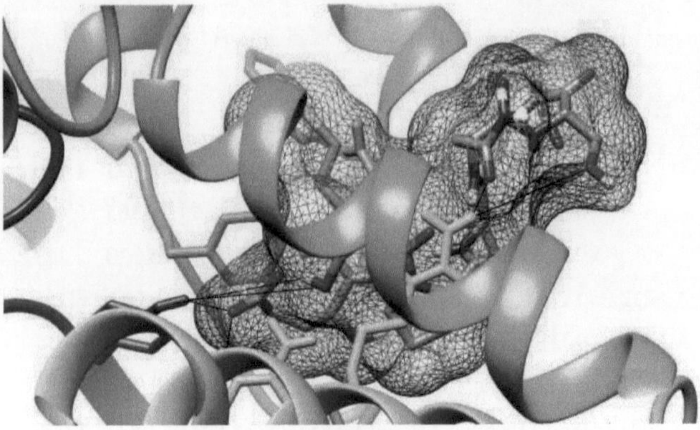

Figura 16.14 Ligações H [P495S] visualizadas no Chimera

H-bonds (donor, acceptor, hydrogen, D..A dist, D-H..A dist):

#0 THR 4 OG1	#0 TYR 42.A OH	#0 THR 4 HG1	6.704	5.907
#0 TYR 42.A OH	#0 GLU 2 OE2	#0 TYR 42.A HH	2.782	1.917
#0 TYR 42.A OH	#0 THR 4 OG1	#0 TYR 42.A HH	6.704	5.869
#0 ARG 264.A NH2	#0 GLU 2 OE2	#0 ARG 264.A HH21	2.724	1.872
#0 ARG 267.A NH2	#0 ASN 7 OD1	#0 ARG 267.A HH21	2.607	1.746
#0 ARG 267.A NH2	#0 SER 8 OG	#0 ARG 267.A HH21	6.855	5.968

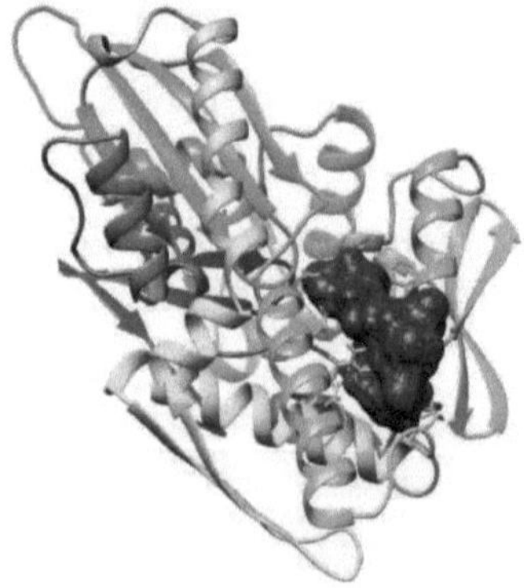

Figura 16.15 Estrutura de acoplamento deG496A com Hsp70

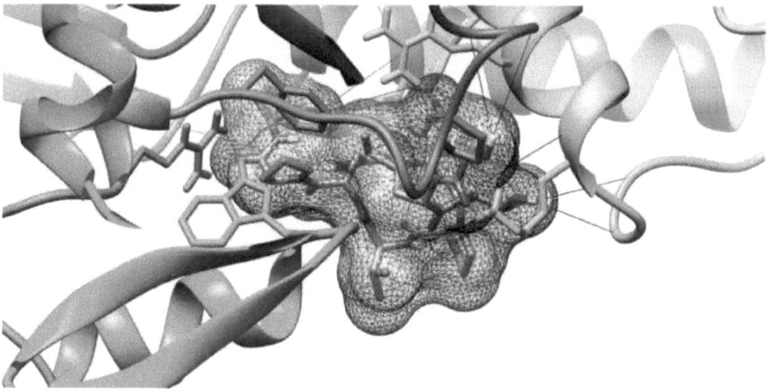

Figura 16.16 Ligações H [G496A] visualizadas no Chimera

H-bonds (donor, acceptor, hydrogen, D...A dist, D-H...A dist):

#0 GLU 2 N	#0 VAL 60.A O	#0 GLU 2 H	4.979	4.170
#0 GLU 2 N	#0 ALA 61.A O	#0 GLU 2 H	5.168	4.211
#0 THR 4 N	#0 LYS 260.A O	#0 THR 4 H	6.009	5.160
#0 THR 4 OG1	#0 ILE 256.A O	#0 THR 4 HG1	6.245	5.417
#0 THR 4 OG1	#0 GLY 257.A O	#0 THR 4 HG1	4.154	3.331
#0 ASN 7 ND2	#0 HIS 230.A O	#0 ASN 7 HD21	7.278	6.570
#0 ARG 73.A NH1	#0 PRO 8 O	#0 ARG 73.A HH11	2.744	1.939
#0 ARG 73.A NH2	#0 PRO 8 O	#0 ARG 73.A HH21	2.709	1.917
#0 ASN 238.A N	#0 ALA 9 O	#0 ASN 238.A H	6.258	5.489
#0 ASN 238.A ND2	#0 ALA 9 O	#0 ASN 238.A HD22	2.912	1.995
#0 LYS 260.A NZ	#0 GLU 2 O	#0 LYS 260.A HZ3	2.526	1.692
#0 ARG 264.A NH1	#0 GLU 2 OE1	#0 ARG 264.A HH12	2.741	1.948
#0 ARG 264.A NH1	#0 GLU 2 OE2	#0 ARG 264.A HH12	2.837	1.907
#0 ARG 267.A NE	#0 ALA 9 O	#0 ARG 267.A HE	6.148	5.538
#0 ARG 267.A NH1	#0 GLU 2 OE2	#0 ARG 267.A HH12	2.722	1.826
#0 ARG 267.A NH1	#0 THR 4 O	#0 ARG 267.A HH11	2.847	1.933
#0 ARG 267.A NH2	#0 THR 4 O	#0 ARG 267.A HH21	2.986	2.158
#0 ARG 267.A NH2	#0 PRO 5 O	#0 ARG 267.A HH21	4.635	3.763
#0 ARG 267.A NH2	#0 ALA 9 O	#0 ARG 267.A HH22	5.742	5.091
#0 THR 268.A OG1	#0 GLU 2 OE2	#0 THR 268.A HG1	7.143	6.544

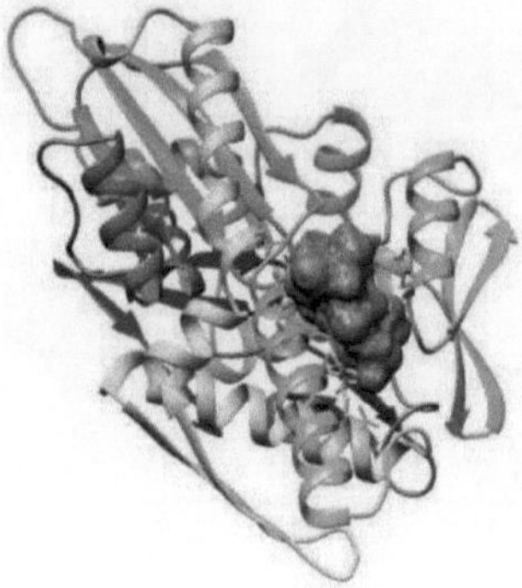

Figura 16.17 Estrutura de ancoragem deAHMutated com Hsp70

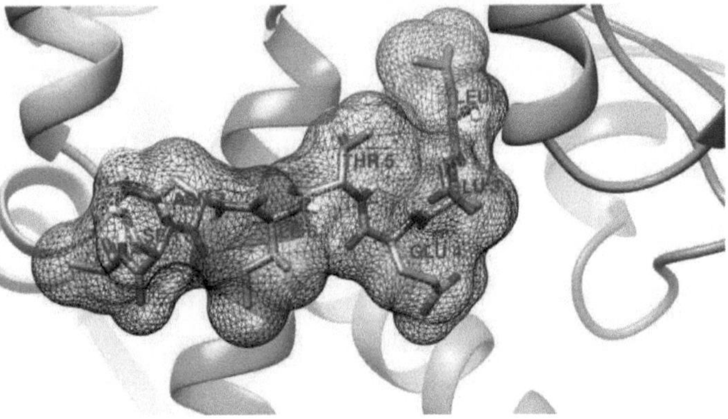

Figura 16.18 Ligações H (AU Mutated) visualizadas em Chimera

H-bonds (donor, acceptor, hydrogen, D...A dist, D-H...A dist)

#0 LEU 2 N	#0 HIS 90.A O	#0 LEU 2 H	4.425	3.521
#0 GLU 4 N	#0 HIS 90.A O	#0 GLU 4 H	5.926	5.223
#0 THR 5 OG1	#0 HIS 230.A O	#0 THR 5 HG1	6.454	5.653
#0 THR 5 OG1	#0 GLY 232.A O	#0 THR 5 HG1	6.924	6.069
#0 THR 5 OG1	#0 ASP 235.A OD1	#0 THR 5 HG1	2.840	1.916
#0 ASN 7 ND2	#0 LEU 308.A O	#0 ASN 7 HD22	5.947	5.293
#0 ALA 9 N	#0 ASP 311.A OD2	#0 ALA 9 H	6.147	5.341
#0 ASN 238.A ND2	#0 THR 5 O	#0 ASN 238.A HD21	2.743	1.929
#0 ASN 238.A ND2	#0 ASN 7 O	#0 ASN 238.A HD21	7.065	6.532
#0 ASN 238.A ND2	#0 ASN 7 OD1	#0 ASN 238.A HD21	7.086	6.318

#0 ARG 239.A NE	#0 THR 5 O	#0 ARG 239.A HE	5.280	4.404
#0 ARG 239.A NH2	#0 THR 5 O	#0 ARG 239.A HH22	6.784	6.216
#0 ARG 264.A NH1	#0 LEU 2 O	#0 ARG 264.A HH11	2.855	2.029
#0 ARG 264.A NH1	#0 GLU 4 OE1	#0 ARG 264.A HH12	3.649	2.858
#0 ARG 264.A NH2	#0 LEU 2 O	#0 ARG 264.A HH21	2.574	1.620
#0 ARG 267.A NH1	#0 GLU 4 OE1	#0 ARG 267.A HH11	2.718	1.898
#0 ARG 267.A NH1	#0 GLU 4 OE2	#0 ARG 267.A HH11	2.838	1.960
#0 ARG 267.A NH2	#0 GLU 4 OE2	#0 ARG 267.A HH21	2.681	1.752
#0 ASP 311.A N	#0 ALA 9 O	#0 ASP 311.A H	6.998	6.072

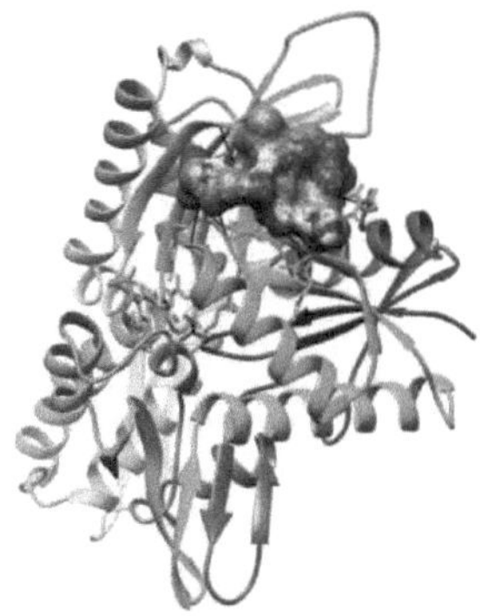

Figura 16.19Estrutura de Dock doEKTOVNOGN com Hsp70

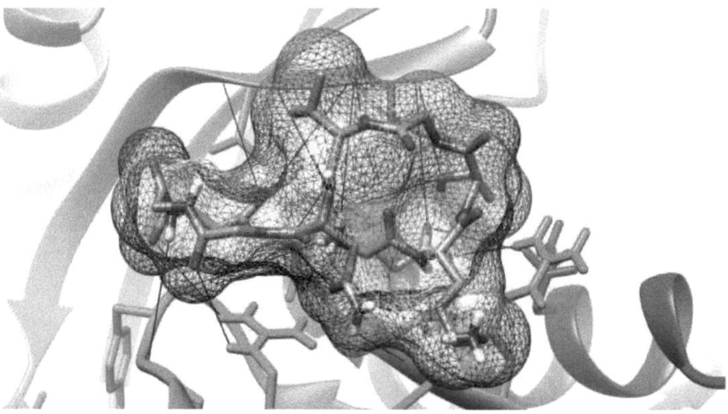

Figura 16.20 Ligações H [EKTOVNOGN] visualizadas no Chimera

H-bonds (donor, acceptor, hydrogen, D..A dist, D-H..A dist):

#0 GLU 1 N	#0 ALA 149.A O	#0 GLU 1 H1	6.360	5.591
#0 GLU 1 N	#0 PHE 220.A O	#0 GLU 1 H3	6.816	5.926
#0 VAL 5 N	#0 PHE 220.A O	#0 VAL 5 H	4.386	3.461
#0 ASN 6 ND2	#0 ILE 173.A O	#0 ASN 6 2HD2	4.838	4.298
#0 ASN 9 N	#0 PHE 151.A O	#0 ASN 9 H	5.406	4.468
#0 ASN 9 ND2	#0 PHE 220.A O	#0 ASN 9 2HD2	6.926	6.375
#0 ASN 9 ND2	#0 VAL 222.A O	#0 ASN 9 1HD2	6.248	5.579
#0 ARG 156.A NE	#0 HYP 7 O	#0 ARG 156.A HE	4.965	4.367
#0 ARG 156.A NH2	#0 ASN 9 O2	#0 ARG 156.A 2HH2	5.300	4.642
#0 ARG 172.A NH2	#0 GLU 1 OE1	#0 ARG 172.A 2HH2	4.264	3.280
#0 ASN 175.A ND2	#0 VAL 5 O	#0 ASN 175.A 2HD2	4.716	4.047
#0 ASN 175.A ND2	#0 ASN 6 OD1	#0 ASN 175.A 2HD2	5.182	4.551
#0 THR 178.A OG1	#0 THR 3 OG1	#0 THR 178.A HG1	5.348	4.709
#0 THR 178.A OG1	#0 VAL 5 O	#0 THR 178.A HG1	7.126	6.225
#0 PHE 220.A N	#0 GLU 1 OE2	#0 PHE 220.A H	6.476	5.788
#0 PHE 220.A N	#0 THR 3 OG1	#0 PHE 220.A H	4.620	3.748
#0 VAL 222.A N	#0 VAL 5 O	#0 VAL 222.A H	6.593	5.628
#0 GLN 379.A NE	#0 GLU 1 OE2	no hydrogen	4.682	N/A

5. CONCLUSÕES

A glicoproteína sérica alfa-fetoproteína actua como mediador curativo e tem actividades anti-estrotróficas. Os estudos foram efectuados com base nas variantes mutantes consideradas a partir da análise PloyPhen e I-Mutant. Outras implicações desta investigação atual prendem-se com a simulação de péptidos derivados para análise da estabilidade, que desempenha um papel vital no mecanismo de dobragem quando acoplados à Hsp70. Estudos anteriores mostraram que as actividades farmacêuticas exibidas pelo octapeptídeo de tipo selvagem (EMTPVNPG) foram consideradas para este estudo no contexto das propriedades inibitórias máximas contra o cancro da mama. Com base no estudo acima referido, os péptidos P495S (EMTPVNSG) e All Mutated (LEETINSA) apresentaram uma melhor estabilidade e eficácia de ligação à Hsp70. Foi efectuado um estudo comparativo de dinâmica molecular em cada mutação para compreender a estabilidade do octapeptídeo (489-496), a fim de garantir a perspetiva curativa que se destina a inibir a progressão e a proliferação de proteínas oncofetais no cancro da mama. Outra modificação do péptido derivado foi feita pela adição do grupo hidroxiprolina à região selecionada, o que foi previamente sugerido com o efeito combinado do tamoxifeno e do péptido associado à hidroxiprolina.

6. FUTURO ÂMBITO DE TRABALHO

No presente estudo, tentámos compreender o papel da AFPep e estudámos a sua interação com a Hsp70. A AFPep regula os níveis de estrogénio depois de se ligar à Hsp70. Efectuámos uma análise de mutações em diferentes posições do octapeptídeo. Todos os péptidos mutados foram analisados e a sua estabilidade e afinidade de ligação à Hsp70 foram estudadas. O mecanismo pelo qual a AFPep regula os níveis de estrogénio depois de se ligar à Hsp70 ainda permanece desconhecido. O nosso objetivo foi estudar as interações. Para além disso, os complexos acoplados podem ser simulados durante 100 ns, 200 ns, 500 ns para obter uma melhor perceção da sua estabilidade. Além disso, podemos tentar analisar combinações de mutações simples e múltiplas e o efeito da simulação tem de ser efectuado para compreender melhor cada conjunto de mutações. As revisões da literatura sugerem que o efeito do tamoxifeno é reforçado quando utilizado com AFPep. Ambos têm locais de ação diferentes, mas, ainda assim, desempenham um papel sinérgico no reforço da atividade inibitória. O local de ação não é claramente compreendido e necessita de ser mais investigado. Uma compreensão completa do mecanismo da AFPep ajudará a revelar a relação exacta entre a AFPep e o tamoxifeno e os efeitos metabólicos para os quais convergem.

Referências

Abdul, M.; Santo, A.; Hoosein, N. Activity of potassium channel-blockers in breast cancer. Anticancer Res. 2003, 23, 3347-3351.

Abelev, G.I., Perova, S.D., Khramkova, N.I., Postnikova, Z.A. e Irlin, I.S. Production of embryonal alpha-globulin by transplantable mouse hepatomas. Transplantation 1: 174-180, 1963.

Altschul, S.F., Gish, W., Miller, W., Myers, E.W. & Lipman, D.J. (1990) "Basic local alignment search tool." J. Mol. Biol. 215:403-410.

Amanda M. Tower, Andrea Trinward, Katie Lee, Leroy Joseph, Herbert I. Jacobson, James A. Bennett e Thomas T. Andersen. AFPep, um novo medicamento para a prevenção e tratamento do cancro da mama, não perturba o ciclo estral ou a fertilidade em ratos. ONCOLOGY REPORTS 22: 49-56, 2009 DOI: 10.3892/or_00000405

Sociedade Americana do Cancro. Cancer facts and figures (Factos e números do cancro). Atlanta: American Cancer Society, 1999:36.

Andersen, T.; Parikh, R.R.; Lemanski, N.; McLeod, D.; Georgekutty, J.; Saadati, H.; Fake, J.; Jacobson, H.I.; Bennett, J.A. Prevenção segura e eficaz do cancro da mama através do análogo peptídico da alfa-fetoproteína AFPep. Cancer Epidemiol. Biomarker. Prev. 2003, 12, 1322.

Andersen, T.T.; Georgekutty, J.; DeFreest, L.A.; Amaratunga, G.; Narendran, A.; Lemanski, N.; Jacobson, H.I.; Bennett, J.A. Um peptídeo derivado da alfa-fetoproteína reduz a hiperplasia uterina e aumenta o efeito antitumoral do

tamoxifeno. Br. J. Cancer 2007, 97, 327-333.

Andrea Volkamer, Daniel Kuhn, Friedrich Rippmann, Matthias RareyDoGSiteScorer: um servidor Web para a previsão automática de sítios de ligação, análise e avaliação da drogabilidade. Bioinformatics (Oxford, Inglaterra), Vol. 28, No. 15. (1 de agosto de 2012), pp. 2074-2075,

doi:10.1093/bioinformatics/bts310

Ball D1, Rose E, Alpert E. Alpha-fetoprotein levels in normal adults. Am J Med Sci. 1992 Mar;303(3):157-9. PMID: 1375809 [PubMed - indexado para MEDLINE]

Baptiste, N.; Friedlander, P.; Chen, X.; Prives, C. O domínio rico em prolina do p53 é necessário para a cooperação com agentes anti-neoplásicos para promover a apoptose das células tumorais. Oncogene 2002, 21, 9-21.

Bennett, J.A.; DeFreest, L.; Anaka, I.; Saadati, H.; Balulad, S.; Jacobson, H.I.; Andersen, T.T. AFPep: Um péptido anti-cancro da mama que é ativo por via oral. Breast Cancer Res. Treat. 2006, 98, 133-141.

Bennett, J.A.; Mesfin, F.B.; Andersen, T.T.; Gierthy, J.F.; Jacobson, H.I. Um péptido derivado da alfa-fetoproteína impede o crescimento de cancros da mama humanos dependentes de estrogénio sensíveis e resistentes ao tamoxifeno. Proc. Natl. Acad. Sci. USA 2002, 99, 2211-2215.

Butterfield, L.H. Immunotherapeutic strategies for hepatocellular carcinoma (Estratégias imunoterapêuticas para o carcinoma hepatocelular). Gastroenterology 2004, 127, S232-S241.

Butterfield, L.H.; Koh, A.; Meng, W.; Vollmer, C.M.; Ribas, A.; Dissette, V.; Lee, E.; Glaspy, J.A.; McBride, W.H.; Economou, J.S. Generation of human T-cell responses to an HLA-A2.1- restricted peptide epitope derived from alphafetoprotein. Cancer Res. 1999, 59, 3134-3142.

Butterfield, L.H.; Meng, W.S.; Koh, A.; Vollmer, C.M.; Ribas, A.; Dissette, V.B.; Faull, K.; Glaspy, J.A.; McBride, W.H.; Economou, J.S. T cell responses to HLA-A* 0201-restricted peptides derived from human alpha-fetoprotein. J. Immunol. 2001, 166, 5300-5308.

Butterfield, L.H.; Ribas, A.; Dissette, V.B.; Lee, Y.; Yang, J.Q.; De la Rocha, P.; Duran, S.D.; Hernandez, J.; Seja, E.; Potter, D.M.; et al. Um ensaio de fase I/II que testa a imunização de doentes com carcinoma hepatocelular com células dendríticas pulsadas com quatro péptidos de alfa-fetoproteína. Clin. Cancer Res. 2006, 12, 28172825.

Butterfield, L.H.; Ribas, A.; Potter, D.M.; Economou, J.S. Fenótipos de células T específicas da AFP espontâneos e induzidos por vacinas em indivíduos com cancro hepatocelular positivo para AFP. Cancer Immunol. Immunother. 2007, 56, 1931-1943.

Butterfield,L.H.;Ribas,A.;Meng,W.S.;Dissette,V.B.;Amarnani,S.;Vu,H.T.;Seja,E.;To dd, K.; Glaspy, J.A.; McBride, W.H.; et al. T cell responses to HLA-A*0201 immunodominant peptides derived from alpha-fetoprotein in patients with hepatocellular cancer. Clin. Cancer Res. 2003, 9, 5902-5908.

Butterstein, G.; MacColl, R.; Mizejewski, G.J.; Eisele, L.E.; Meservey, M. Estudos biofísicos e actividades anti-crescimento de um péptido, de um determinado análogo e de um péptido fragmentado derivado da alfa-fetoproteína. J. Pept. Res. 2003, 61, 213218.

Butterstein, G.; Mizejewski, G.J. Thyroid hormone induction of frog metamorphosis: Regulação pela alfa-fetoproteína de mamíferos. Comp. Biochem. Physiol. 1999, 124, 39-45.

Butterstein,G.;Morrison,J.;Mizejewski,G.J.Effectofalpha-fetoproteinandderivedpeptideson insulin- and estrogen-induced fetotoxicity.

Fetal Diagn. Ther. 2003, 18, 360-369.

Caceres, G.; Dauphinee, M.J.; Eisele, L.E.; MacColl, R.; Mizejewski, G.J. Antiprostate cancer and anti-breast cancer activities of two peptides derived from alpha-fetoprotein. Anticancer Res. 2002, 22, 2817-2820.

Cantor, R.S. Distribuição do tamanho de agregados de péptidos de membrana em forma de barril: Influência do perfil de pressão lateral da bicamada. Biophys. J. 2002, 82, 25202525.

Capriotti E, Fariselli P, Casadio R. Nucleic Acids Res. 2005 Jul 1;33(Web Server issue):W306-10. I-Mutant2.0: previsão de alterações de estabilidade após mutação a partir da sequência ou estrutura da proteína.

Carter CS (2002). "Neuroendocrinologia do comportamento sexual na mulher". Em Becker JB. Behavioral Endocrinology. Cambridge, Mass: MIT Press. pp. 88-89. ISBN

0-262-52321-3.

Coiret, G.; Matifat, F.; Hague, F.; Ouadid-Ahidouch, H. O 17-beta-estradiol ativa os canais maxi-K através de uma via não genómica em células de cancro da mama humano. FEBS Lett. 2005, 579, 2995-3000.

Comeau SR, Gatchell DW, Vajda S, Camacho CJ. ClusPro: um método automatizado de acoplamento e discriminação para a previsão de complexos proteicos. Bioinformatics. 2004 Jan 1

Conn,P.J.,Christopoulos,A.,Lindsley,C.W.AllostericmodulatorsofGPCRs:Anovelapproach for the treatment of CNS disorders. Nat. Rev. Drug Dis. 2009, 8, 41-54.

DeFreest, L.A.; Mesfin, F.B.; Joseph, L.; McLeod, D.J.; Stallmer, A.; Reddy, S.; Balulad, S.S.; Jacobson, H.I.; Andersen, T.T.; Bennett, J.A. O péptido sintético derivado da alfa-fetoproteína inibe o crescimento do cancro da mama humano: Investigação do farmacóforo e otimização da síntese. J. Pept. Res. 2004, 63, 409-419.

Eisele, L.E.; Mesfin, F.B.; Bennett, J.A.; Andersen, T.T.; Jacobson, H.I.; Vakharia, D.D.; MacColl, R.; Mizejewski, G.J. Estudos sobre análogos de um péptido derivado da alfa-fetoproteína com propriedades anti-crescimento. J. Pept. Res. 2001, 57, 539-546.

Eisele,L.E.;Mesfin,F.B.;Bennett,J.A.;Andersen,T.T.;Jacobson,H.I.;Soldwedel,H.;MacColl, R.; Mizejewski, G.J. Studies on a growth-inhibitory peptide derived from alpha-fetoprotein and some analogs. J. Pept. Res. 2001, 57, 29-38.

G. Macindoe, L. Mavridis, V. Venkatraman, M.-D. Devignes, D.W. Ritchie HexServer: um servidor de acoplamento de proteínas baseado em FFT alimentado por processadores gráficos. (2010). Nucleic Acids Research, 38, W445-W449.

Gasteiger E., Hoogland C., Gattiker A., Duvaud S., Wilkins M.R., Appel R.D., Bairoch A.; Protein Identification and Analysis Tools on the ExPASy Server;

Gavrilova-Ruch, O.; Schonherr, K.; Gessner, G.; Schonherr, R.; Klapperstuck, T.; Wohlrab, W.; Heinemann, S.H. Effects of imipramine on ion channels and proliferation of IGR1 melanoma cells. J. Membr. Biol. 2002, 188, 137-149.

Gerald J. Mizejewski Revisão do mecanismo de supressão do crescimento do cancro pelos péptidos inibidores do crescimento derivados da alfa-fetoproteína (GIP): Comparação de GIP-34 versus GIP-8 (AFPep). Actualizações e Perspectivas Cancros 2011, 3, 2709-2733; doi:10.3390/cancers3022709 ;

GITLIN, D., A. PERRICELLI: Síntese de albumina sérica, pré-albumina, -foetoproteína, tripsina e transferrina pelo saco vitelino humano. Nature (Lond.) 228 (1970) 995)

GITLIN, D., M. BOESMAN: Sítios de síntese da a-feto-proteína sérica no homem e no rato. J. Clin. Invest. 46 (1967) 1010

Estimativas globais de saúde, OMS 2013

Hamza, A.; Sarma, M.H.; Sarma, R.H. Plausible interaction of an alpha-fetoprotein cyclopeptide with the G-protein-coupled recetor model GPR30: Docking study by molecular dynamics simulated annealing. J. Biomol. Struct. Dyn. 2003, 20, 751-758.

Harper ME, Dugaiczyk A (julho de 1983). "Ligação dos genes da albumina sérica e da alfa-fetoproteína evolutivamente relacionados no q11-22 do cromossoma 4 humano". American Journal of Human Genetics 35 (4): 565-72. PMC 1685723. PMID 6192711

http://atlasgeneticsoncology.org/Deep/MappingAFPID20077.html

http://envirocancer.cornell.edu/factsheet/general/fs10.estrogen.cfm

http://ww5.komen.org/BreastCancer/Table36Estrogenreceptorstatusandoverallsurvial

http://www.nlm.nih.gov/medlineplus/ency/article/000280.htm

http://www.nlm.nih.gov/medlineplus/ency/article/003573.htm

http://www.who.int/cancer/detection/breastcancer/en/

Hua, S.C.; Chen, S.Y.; Lu, C.H.; Kao, Y.T.; Yu, H.I.; Chen, P.T.; Lee, Y.R.; Chang, T.C. The effects of growth inhibitory peptide on follicular thyroid cancer cell growth, migration, and invasion [Os efeitos do péptido inibidor do crescimento no crescimento, migração e invasão das células do cancro da tiroide folicular]. Tumori 2010, 96, 448-451.

Ivan A. Adzhubei,1,7 Steffen Schmidt,2,7 Leonid Peshkin,3,7 Vasily E. Ramensky,4 Anna Gerasimova,5 Peer Bork,6 Alexey S. Kondrashov,5 e Shamil R. Sunyaev1; A method and server for predicting damaging missense mutations; Nat Methods. 2010 Apr; 7(4): 248-249. doi: 10.1038/nmeth0410-248

J A Bennett, S Zhu, A Pagano-Mirarchi, et al. A alfa-fetoproteína derivada de um hepatoma humano impede o crescimento de xenoenxertos de cancro da mama humano dependentes de estrogénio. Clin Cancer Res 1998;4:2877-2884.

Joe Dundas, Zheng Ouyang, Jeffery Tseng, Andrew Binkowski, Yaron Turpaz e Jie Liang. 2006. CASTp: atas computorizados de topografia de superfície de proteínas com mapeamento estrutural e topográfico de resíduos anotados funcionalmente. Nucl. Acids Res., 34:W116-W118.

Johnson,R.M.;Harrison,S.D.;Maclean,D.Therapeutic applications of cell-penetrating peptides. Métodos Mol. Biol. 2011, 683, 535-551.

Joseph, L.; Bennett JA; Kirschner KN; Shields GC; Hughes, J.; Lostritto N; Jacobson HI; Andersen, T. Actividades antiestrogénicas e anticancerígenas de péptidos derivados do local ativo da alfa-fetoproteína. J. Pept. Sci. 2009, 15, 319-325.

Kirschner, K.N.; Lexa, K.W.; Salisburg, A.M.; Alser, K.A.; Joseph, L.; Andersen, T.T.; Bennett, J.A.; Jacobson, H.I.; Shields, G.C. Desenho computacional e descoberta experimental de um péptido antiestrogénico derivado da alfa-fetoproteína. J. Am. Chem. Soc. 2007, 129, 6263-6268.

Klimatcheva, E.; Wonderlin, W.F. Uma corrente K^+ sensível ao ATP que regula a progressão através da fase G1 inicial do ciclo celular em células de cancro da mama humano MCF-7. J. Membr. Biol. 1999, 171, 35-46.

Kohlhaas, S.L.; Craxton, A.; Sun, X.M.; Pinkoski, M.J.; Cohen, G.M. A endocitose mediada por receptores não é necessária para a apoptose induzida pelo ligando indutor de apoptose relacionado com o fator de necrose tumoral (TRAIL). J. Biol. Chem. 2007, 282, 12831-12841.

Kol, M.A.; de Kruijff, B.; de Kroon, A.I. Phospholipid flip-flop in biogenic membranes: O que é necessário para ligar lados opostos. Semin. Cell Dev. Biol. 2002, 13, 163-170.

Kumar P, Henikoff S, Ng PC. Predicting the effects of coding non-synonymous variants on protein function using the SIFT algorithm. Nat Protoc. 2009;4(7):1073-81.

Grupo Colaborativo Lancet sobre Factores Hormonais no Cancro da Mama. Breast cancer and hormonal contraceptives: collaborative reanalysis of individual data on 53,297 women with breast cancer and 100,239 women without breast cancer from 54 epidemiological studies. 1996; 347:1713-27.

LECIA M. APANTAKU, M.D., Breast Cancer Diagnosis and Screening Finch University of Health Sciences/The Chicago Medical School, North Chicago, Illinois Am Fam Physician. 2000 Aug 1;62(3):596-602.

Lee, Y.S.; Sayeed, M.M.; Wurster, R.D. A inibição do crescimento celular por moduladores do canal K^+ deve-se à interferência com a libertação de Ca^{2+} induzida por agonistas. Células

Signal. 1993, 5, 803-809.
Lennon, J.; Bennett, J.; Andersen, T.; Barroso, M. A atividade anti-oncogénica do péptido AFPep depende do seu mecanismo de entrada nas células do cancro da mama. Actas da Primeira Conferência sobre Genómica do Cancro, Troy, NY, EUA, 7 de novembro de 2008.

Li, H.S.; Montell, C. TRP e a proteína PDZ, INAD, formam o complexo central necessário para a retenção do signalplex em células fotorreceptoras de Drosophila. J. Cell Biol. 2000, 150, 1411-1422.

Lodge,M.;Smith,G.W.;Mizejewski,G.J.Theeffectofalpha-fetoproteinpeptideonmicrotubule polymerization. Actas da 12ª Reunião Anual da Conferência Nacional sobre Investigação Colegial, Salisbury State College, Baltimore, MD, EUA, março de 1998.

MacColl, R.; Eisele, L.E.; Stack, R.F.; Hauer, C.; Vakharia, D.D.; Benno, A.; Kelly, W.C.; Mizejewski, G.J. Inter-relações entre atividade biológica, ligações dissulfureto, estrutura secundária e ligação a iões metálicos para um péptido de 34 aminoácidos sintetizado quimicamente derivado da alfa-fetoproteína. Biochim. Biophys. Ata 2001, 1528, 127-134.

Madigan PM, Ziegler RG, Benichou J, Byrne C, Hoover RN. Proportion of breast cancer cases in the United States explained by well-established risk factors (Proporção de casos de cancro da mama nos Estados Unidos explicada por factores de risco bem estabelecidos). J Natl Cancer Inst. 1987; 87:1681-5.

Marino, A.A.; Iliev, I.G.; Schwalke, M.A.; Gonzalez, E.; Marler, K.C.; Flanagan, C.A. Association between cell membrane potential and breast cancer. Tumour Biol. 1994, 15, 82-89.

May, L.T.; Leach, K.; Sexton, P.M.; Christopoulos, A. Allosteric modulation of G protein-coupled receptors. Annu. Rev. Pharmacol. Toxicol. 2007, 47, 1-51.

Meng, W.S.; Butterfield, L.H.; Ribas, A.; Heller, J.B.; Dissette, V.B.; Glaspy, J.A.; McBride, W.H.; Economou, J.S. Fine specificity analysis of an HLA-A2.1- restricted immunodominant T cell epitope derived from human alphafetoprotein. Mol. Immunol. 2000, 37, 943-950.

Mesfin, F.B.; Andersen, T.T.; Jacobson, H.I.; Zhu, S.; Bennett, J.A. Desenvolvimento de um péptido sintético ciclizado derivado da alfa-fetoproteína que impede o crescimento do cancro da mama humano. J. Pept. Res. 2001, 58, 246-256.

Mesfin, F.B.; Bennett, J.A.; Jacobson, H.I.; Zhu, S.; Andersen, T.T. Alphafetoprotein-derived antiestrotrophic octapeptide. Biochim. Biophys. Ata 2000, 1501, 33-43.

Mizejewski Journal of Hematology & Thromboembolic Diseases (Jornal de Hematologia e Doenças Tromboembólicas). Alfa-Fetoproteína (AFP) e Inflamação: A AFP é um Reagente de Fase Aguda e/ou Crónica? J Hematol Thrombo Dis 2015, 3:1 http://dx.doi.org/10.4172/2329-8790.1000191

Mizejewski GJ (maio de 2001). "Estrutura e função da alfa-fetoproteína: relevância para isoformas, epítopos e variantes conformacionais". Experimental Biology and Medicine 226 (5): 377-408. PMID 11393167.

Mizejewski, G. Peptídeos inibidores de crescimento. Patente dos EUA US00567-4842, 7 de outubro de 1997. 102.Mizejewski, G. Methods of using growth inhibitory peptides (Métodos de utilização de péptidos inibidores do crescimento). Patente dos EUA US0057-7-963A, 13 de janeiro de 1998.

Mizejewski, G. Mapping of structure-function peptide sites on the human alphafetoprotein amino acid sequence (Mapeamento de sítios peptídicos estrutura-função na sequência de aminoácidos da alfa-fetoproteína humana). Atlas Genet. Cytogenet. Oncol. Haematol. 2009, 1-65.

Mizejewski, G.; Smith, G.; Butterstein, G. Revisão e proposta de ação dos péptidos inibidores do crescimento da alfa fetoproteína como factores associados ao estrogénio e ao citoesqueleto. Cell Biol. Int. 2004, 28, 913-933.

Mizejewski, G.; Vakharia, D.; Richardson, B.E. Binding of a human alphafetoprotein fragment to the estrogen recetor. Actas da Reunião Anual da AAAS, Anaheim, CA, EUA, 21-26 de janeiro de 1999.

Mizejewski, G.J. Peptídeos derivados da alfa-fetoproteína (AFP) como epítopos para a imunoterapia do hepatoma: A commentary. Cancer Immunol. Immunother. 2009, 58, 159-170.

Mizejewski, G.J. A alfa-fetoproteína como modificador da resposta biológica: Relevância para a estrutura do domínio e subdomínio. Proc. Soc. Exp. Biol. Med. 1997, 215, 333362.

Mizejewski, G.J. Estrutura e função da alfa-fetoproteína: Relevância para isoformas, epítopos e variantes conformacionais. Exp. Biol. Med. (Maywood). 2001, 226, 377-408.

Mizejewski, G.J. Um motivo de dimerização aparente no terceiro domínio da alfa-fetoproteína: Mimetismo molecular da superfamília de receptores nucleares de esteróides/tiroides. BioEssays 1993, 15, 427-432.

Mizejewski, G.J. Biological role of alpha-fetoprotein in cancer: Perspectivas para a terapia anticancerígena. Expert Rev. Anticancer Ther. 2002, 2, 709-735.

Mizejewski, G.J. Biological roles of alpha-fetoprotein during pregnancy and perinatal development. Exp. Biol. Med. (Maywood). 2004, 229, 439-463.

Mizejewski, G.J. Phylogeny of alpha-fetoprotein in vertebrates: Levantamento de dados bioquímicos e fisiológicos. Crit. Rev. Eukaryot. Gene Expr. 1995, 5, 281-316.

Mizejewski, G.J. Physiology of alpha-fetoprotein as a biomarker for perinatal distress: Relevance to adverse pregnancy outcome. Exp. Biol. Med. (Maywood). 2007, 232, 993-1004.

Mizejewski, G.J. Review of the putative cell-surface receptors for alpha-fetoprotein: Identificação de uma família de proteínas candidatas a receptores. Tumour Biol. 2011, 32, 241-258.

Mizejewski, G.J. O péptido inibidor do crescimento derivado da alfa-fetoproteína com 8 mers fragmento: Revisão de um novo agente anticancerígeno. Cancer Biother. Radiopharm. 2007, 22, 73-98.

Mizejewski, G.J.; Butterstein, G. Influência da alfa-fetoproteína de mamífero na metamorfose da rã. Actas da XXIII Reunião da Sociedade Internacional de Biologia e Medicina do Oncodesenvolvimento, Montreal, Canadá, 10-13 de setembro de 1995.

Mizejewski, G.J.; Butterstein, G. Survey of functional activities of alpha-fetoprotein derived growth inhibitory peptides: Revisão e perspectivas. Curr. Protein Pept. Sci. 2006, 7, 73-100.

Mizejewski, G.J.; Dauphinee, M.J. Um péptido derivado da alfa-fetoproteína pode inibir o crescimento e induzir a citostase em múltiplos tipos de tumores, tanto in vitro como in vivo. Actas da Conferência sobre Alvos Moleculares e Terapêutica do Cancro. Washington, DC, 15 de novembro de 1999.

Mizejewski, G.J.; Dias, J.A.; Hauer, C.R.; Henrikson, K.P.; Gierthy, J. Peptídeos sintéticos de alfa-fetoproteína: Caracterização e ensaio de um segmento regulador do crescimento sensível aos estrogénios. Mol. Cell. Endocrinol. 1996, 118, 15-23.

Mizejewski, G.J.; Eisele, L.; Maccoll, R. Actividades anticancerígenas e anti-crescimento de três análogos do péptido inibidor do crescimento: Relevância para as actividades físico-químicas

propriedades. Anticancer Res. 2006, 26, 3071-3076.

Mizejewski, G.J.; Garnuszek, P.; Maurin, M.; Mirowski, M.; Cohen, B.D.; Pioiecz, B.D.; Polypanova, G.A.; Makaros, V.A.; Severin, E.S.; Severin, S.E.; et al. Entrega de péptidos inibidores do crescimento derivados da alfa-fetoproteína humana dirigida a células cancerígenas: Revisão de um estudo internacional de colaboração multicêntrica. Actas da Conferência sobre Genómica do Cancro "Novas Fronteiras na Investigação e Prevenção do Cancro da Mama", Troy, NY, EUA, 19 de novembro de 2010.

Mizejewski, G.J.; MacColl, R. Peptídeos inibidores do crescimento da alfa-fetoproteína: Potenciais pistas para a terapêutica do cancro. Mol. Cancer Ther. 2003, 2, 1243-1255.

Mizejewski, G.J.; Mirowski, M.; Garnuszek, P.; Maurin, M.; Cohen, B.D.; Poiesz, B.J.; Posypanova, G.A.; Makarov, V.A.; Severin, E.S.; Severin, S.E. Targeted delivery of anti-cancer growth inhibitory peptides derived from human alphafetoprotein: Revisão de um estudo internacional de colaboração multicêntrica. J. Drug Target. 2010, 18, 575-588.

Mizejewski, G.J.; Muehlemann, M.; Dauphinee, M. Atualização dos péptidos inibidores do crescimento da alfa-fetoproteína como agentes bioterapêuticos para o crescimento tumoral e as metástases. Chemotherapy 2006, 52, 83-90.

Mizejewski,G.J.;Keenan,J.F.;Setty,R.P.Separação das formas reguladoras do crescimento activadas por estrogénio da alfa-fetoproteína no líquido amniótico do rato. Biol. Reprod. 1990, 42, 887-898.

Monen, S.H.; Schmidt, P.H.; Wondergem, R. Canais de potássio de membrana e células tumorais da bexiga humana. I. Propriedades eléctricas. J. Membr. Biol. 1998, 161, 247-256.

Muehlemann, M.; Miller, K.D.; Dauphinee, M.; Mizejewski, G.J. Revisão do peptídeo inibidor de crescimento como agente bioterapêutico para o crescimento, adesão e metástase de tumores. Cancer Metastasis Rev. 2005, 24, 441-467.

Mukohara, T. Mecanismos de resistência aos agentes anti-recetor 2 do fator de crescimento epidérmico humano no cancro da mama. Cancer Sci. 2011, 102, 1-8.

N. Eswar, M. A. Marti-Renom, B. Webb, M. S. Madhusudhan, D. Eramian, M. Shen, U. Pieper, A. Sali. Comparative Protein Structure Modeling With MODELLER. Current Protocols in Bioinformatics, John Wiley & Sons, Inc., Suplemento 15, 5.6.1-5.6.30, 2006.

Nahta, R.; Takahashi, T.; Ueno, N.T.; Hung, M.c.; Esteva, F.J. P27(kip1) downregulation is associated with trastuzumab resistance in breast cancer cells. Cancer Res. 2004, 3981-3986.

Nekhotiaeva,N.;Elmquist,A.;Rajarao,G.K.;Hallbrink,M.;Langel,U.;Good,L.Cellentry and antimicrobial properties of eukaryotic cell-penetrating peptides. FASEB J. 2004, 18, 394-396.

Neve, K.A. Double feature at the signalplex. Mol. Pharmacol. 2005, 68, 275-278.

Nilius, B.; Wohlrab, W. Potassium channels and regulation of proliferation of human melanoma cells. J. Physiol. 1992, 445, 537-548.

P. Emsley, B. Lohkamp,b W. G. Scottc e K. Cowtand Ata Cryst. (2010). D66, 486-501 [doi:10.1107/S0907444910007493] Caraterísticas e desenvolvimento de Coot

Parikh, R.R.; Gildener-Leapman, N.; Narendran, A.; Lin, H.Y.; Lemanski, N.; Bennett, J.A.; Jacobson, H.I.; Andersen, T.T. Prevention of N-methyl-N-nitrosourea-induced breast cancer by alpha-fetoprotein (AFP)-derived peptide, a peptide derived from the active site of AFP. Clin. Cancer Res. 2005, 11,

8512-8520.

Peppelenbosch, M.P.; Tertoolen, L.G.; de Laat, S.W. Epidermal growth fator-activated calcium and potassium channels. J. Biol. Chem. 1991, 266, 1993819944.

Pettersen EF, Goddard TD, Huang CC, Couch GS, Greenblatt DM, Meng EC, Ferrin TE.UCSF Chimera - um sistema de visualização para investigação e análise exploratórias. J Comput Chem. 2004 Oct;25(13):1605-12.

Pise-Masison, C.A.; Radonovich, M.; Sakaguchi, K.; Appella, E.; Brady, J.N. Phosphorylation of p53: A novel pathway for p53 inactivation in human T-cell lymphotropic virus type 1-transformed cells. J. Virol. 1998, 72, 6348-6355.

Preussat,K. ;Beetz,C. Schrey,M. ;Kraft,R. ; Wolfl,S. ;Kalff,R. ;Patt,S .Expressão d

e

canais de potássio dependentes de voltagem Kv1.3 e Kv1.5 em gliomas humanos. Neurosci. Lett. 2003, 346, 33-36.

R. Moro, MD,* J. Gulyaeva-Tcherkassova, PhD,f e P. Stieber, MD Aumento do recetor da alfa-fetoproteína no soro de pacientes com cancro da mama em fase inicial Curr Oncol. 2012 Feb; 19(1): e1-e8.doi: 10.3747/co.19.979PMCID: PMC3267592

Richardson, B.E.; Mizejewski, G.J. Pregnancy and subsequent breast cancer risk: Envolvimento da alfa-fetoproteína. Actas da 31ª Reunião Anual da Society for Study of Reproduction, Salt Lake City, Utah, EUA, 2-3 de outubro de 1998.

Ruoslahti, E. e Seppala, M. AFP in cancer and fetal development. Adv. Cancer Res. 29: 275- 310, 1979.

Sabourin,J.;Cognard,C.;Constantin,B.Regulationbyscaffoldingproteinsofcanonicaltransient recetor potential channels in striated muscle. J. Muscle Res. Cell Motil. 2009, 30, 289-297.

Sander Pronk1,2, Szilard Pall1,2, Roland Schulz3,4, Per Larsson5,6, Par Bjelkmar1,7, Rossen Apostolov1,2, Michael R. Shirts8, Jeremy C. Smith3,4, Peter M. Kasson5,6, David van der Spoel1,9, Berk Hess1,2 e Erik Lindahl 1,2,7,* GROMACS 4.5: um kit de ferramentas de simulação molecular de código aberto de alto rendimento e altamente paralelo Bioinformática (2013) 29 (7): 845-854.

Seidman, A.; Hudis, C.; Pierri, M.K.; Shak, S.; Paton, V.; Ashby, M.; Murphy, M.; Stewart, S.J.; Keefe, D. Cardiac dysfunction in the trastuzumab clinical trials experience. J. Clin. Oncol. 2002, 20, 1215-1221.

SELL S, BECKER F, LEFFERT H, WATERBE H: Expressão de um produto genético de desenvolvimento oncológico (a-fetoproteína) durante o desenvolvimento fetal e a oncogénese adulta. Cancer Res 36:4239-4249, 1976

Shields, G.C. Computational approaches for the design of peptides with anti-breast cancer properties. Future Med. Chem. 2009, 1, 201-212.

Sierralta, W.D.; Epunan, M.J.; Reyes, J.M.; Valladares, L.E.; Andersen, T.T.; Bennett, J.A.; Jacobson, H.I.; Pino, A.M. Um péptido derivado da alfa-fetoproteína inibe a proliferação induzida pelo estradiol em células tumorais mamárias em cultura. Oncol. Rep. 2008, 19, 229-235.

Sierralta, W.D.; Epunan, M.J.; Reyes, J.M.; Valladares, L.E.; Pino, A.M. Um peptídeo sintético derivado da alfa-fetoproteína inibe a proliferação induzida por estradiol de células tumorais mamárias em cultura através da modulação de p21. Adv. Exp. Med. Biol. 2008, 617, 463-468.

Speroff L. Postmenopausal hormone therapy and breast cancer (Terapia hormonal pós-menopausa e cancro da mama). Obstet Gynecol. 1996; 87:44S-54S

Strobl, J.S.; Wonderlin, W.F.; Flynn, D.C. Mitogenic signal transduction in human breast cancer cells. Gen. Pharmacol. 1995, 26, 1643-1649.

Suzuki, K.; Oda, Y.; Oda, K.; Tanaka, S.; Sakaino, Y.; Matsudaira, T. Ação não genómica do 17-beta-estradiol na abertura do K+ ativado por Ca2+ e voltagem

nas células acinares lacrimais. Tokai J. Exp. Clin. Med. 2004, 29, 71-78.

Tamba, Y.; Ariyama, H.; Levadny, V.; Yamazaki, M. Via cinética da formação de poros induzida pelo péptido antimicrobiano magainina 2 em membranas lipídicas. J. Phys. Chem. B 2010, 114, 12018-12026.

Tomasi TB (1977). "Estrutura e função da alfa-fetoproteína". Revisão anual de medicina 28: 453-65. doi: 10.1146/annurev.me.28.020177.002321.

PMID 67821.

Torres, C.; Antileo, E.; Epunan, M.J.; Pino, A.M.; Valladares, L.E.; Sierralta, W.D. Um péptido cíclico derivado da alfa-fetoproteína inibe os efeitos proliferativos do fator de crescimento epidérmico e do estradiol nas células MCF7. Oncol. Rep. 2008, 19, 1597-1603.

Torres, C.G.; Pino, A.M.; Sierralta, W.D. Um péptido ciclizado derivado da alfa-fetoproteína inibe a proliferação de células cancerígenas mamárias caninas ER-positivas. Oncol Rep. 2009, 21, 1397-1404.

Tower AM, Trinward A, Lee K, Joseph L, Jacobson HI, Bennett JA, Andersen TT. AFPep, um novo medicamento para a prevenção e tratamento do cancro da mama, não perturba o ciclo estral ou a fertilidade em ratos. Oncol Rep. 2009;22(1):49-56. 88

PMID: 19513504

Tower, A.M.; Trinward, A.; Lee, K.; Joseph, *L.;* Jacobson, H.I.; Bennett, J.A.; Andersen, T.T. AFPep, um novo fármaco para a prevenção e tratamento do cancro da mama, não perturba o ciclo estral ou a fertilidade em ratos. Oncol. Rep. 2009, 22, 49-56.

Turk, C.; Wong, C.M.; Gozgit, J.M.; Fagen-Solis, K.; Mizejewski, G.J.; Arcaro, K.F. O péptido derivado da alfa-fetoproteína diminui a expressão da ciclina-E e a degradação da P27 (KIP1) nas células de cancro da mama MCF-7. Actas da Primeira Conferência sobre Genómica do Cancro, Troy, NY, EUA, 7 de novembro de 2008.

Turk, C.; Wong, C.; Gozgit, J.M.; Muehlemann, M.; Reece, M.T.; Mizejewski, G.J.; Arcaro, K.F. O péptido inibidor do crescimento derivado da alfa-fetoproteína (GIP) inibe a expressão da ciclina E1. Proc. Am. Assoc. Cancer Res. 2006, 47.

Vollmer, C.M., Jr.; Eilber, F.C.; Butterfield, L.H.; Ribas, A.; Dissette, V.B.; Koh, A.; Montejo, L.D.; Lee, M.C.; Andrews, K.J.; McBride, W.H.; et al. Imunoterapia genética específica da alfa-fetoproteína para o carcinoma hepatocelular. Cancer Res. 1999, 59,

3064-3067.

Wickenden, A.D.; Zou, A.; Wagoner, P.K.; Jegla, T. Caracterização dos canais de potássio KCNQ5/Q3 expressos em células de mamíferos. Br. J. Pharmacol. 2001, 132, 381-384.

Xie, Z.; Xie, J. A transdução de sinal mediada pela Na/K-ATPase como um alvo para o desenvolvimento de novos medicamentos. Front Biosci. 2005, 10, 3100-3109.

Xu, D.; Wang, L.; Dai, W.; Lu, L. A requirement for K+-channel activity in growth fator-mediated extracellular signal-regulated kinase activation in human myeloblastic leukemia ML-1 cells. Sangue 1999, 94, 139-145 89

Y Zhang. Servidor I-TASSER para a previsão da estrutura 3D de proteínas. BMC Bioinformatics, 9: 40 (2008).

Yu, A.; Malek, T.R. The proteasome regulates recetor-mediated endocytosis of interleukin-2. J. Biol. Chem. 2001, 276, 381-385.

Zhanping, W.; Xiaoyu, P.; Na, C.; Shenglan, W.; Bo, W. Os canais de K+ dependentes da voltagem estão associados à proliferação e ao ciclo celular das células do cancro do ovário. Gynecol. Oncol. 2007, 104, 455-460.

Zhu, J.; Jiang, J.; Zhou, W.; Zhu, K.; Chen, X. Regulação diferencial de genes-alvo celulares por p53 desprovido dos motivos PXXP com atividade apoptótica prejudicada. Oncogene 1999, 18, 2149-2155.

MIX
Papier aus verantwortungsvollen Quellen
Paper from responsible sources
FSC® C105338

Printed by Books on Demand GmbH, Norderstedt / Germany